Terminwesen und Lagerhaltung in der Massenfertigung

Rechnerische Unterlagen und Verfahren zur Betriebsüberwachung

Von

Volker Knecht VDI

Beratender Ingenieur
Konstanz a.B.

Zweite verbesserte Auflage

Mit 26 Abbildungen

Springer-Verlag Berlin Heidelberg GmbH
1951

ISBN 978-3-540-01556-7   ISBN 978-3-662-13118-3 (eBook)
DOI 10.1007/978-3-662-13118-3

Inhaltsverzeichnis.

I. Einführung.

Zweck und Aufgabe des Terminwesens.

Die Wirtschaftlichkeit eines industriellen Fertigungsbetriebes hängt im wesentlichen von 2 Bedingungen ab:

Vom technischen Stand der verwendeten Produktionsmittel und von der Beschaffenheit der Betriebsorganisation, d. h. von dem Maße, in welchem die Fertigung der Erzeugnisse vorbereitet und der Arbeitsablauf gesteuert ist.

Der technische Stand ist seinerseits von der Investitionsmöglichkeit abhängig, denn „Modernisieren" läßt sich ein Betrieb nur durch Verwendung neuer und leistungsfähigerer Maschinen, es muß also Kapital investiert werden. Dagegen ist es Aufgabe der Betriebsorganisation, die *vorhandenen* maschinellen Anlagen, entsprechend ihrer Leistungsfähigkeit so zu nutzen, daß die Fertigungskosten der mit ihrer Hilfe hergestellten Erzeugnisse ein Minimum werden.

An der Spitze der Betriebsorganisation steht die Arbeitsvorbereitung. Ihr obliegt die Arbeitsplanung im weitesten Sinne, d. h. sie bestimmt die Arbeitsfolge und die Art der Fertigungsmittel, sie überwacht die Beschaffung der Roh- und Hilfsstoffe und befaßt sich mit der Arbeitszeitermittlung. Ihre eigentlichen Aufgaben sind mit Beginn der Fertigung abgeschlossen, und es tritt nunmehr die Überwachung des Arbeitsablaufes und seine Steuerung hinsichtlich „Fertigungsmenge" und „Fertigungszeit" in den Vordergrund: Es muß dafür gesorgt werden, daß jedes Erzeugnisteil zur rechten Zeit am rechten Ort vorhanden ist. Die hiermit zusammenhängenden Aufgaben hat das *Terminwesen* zu lösen.

Aufgabenkreis. Für die Einzelfertigung hat der Werkstatt-Termin vor allem die Aufgabe, den mit dem Kunden vereinbarten Lieferzeitpunkt des Erzeugnisses zu verbürgen. Sein Schwerpunkt liegt also *außerhalb* des Betriebes. In der Massenfertigung dagegen umfaßt er einen wesentlich größeren Aufgabenkreis. Hier gilt es, das überaus feine Kräftespiel des endlosen Fertigungsflusses zu regeln und zahllose Einzelvorgänge vermittelst der Faktoren „Menge" und „Zeit" derart aufeinander abzustimmen, daß an jedem Arbeitsplatz jederzeit der Bedarf an Werkstoff oder an vorgearbeiteten Werkstücken gedeckt ist. Dazu muß aber eine klare Übersicht über die vorliegenden Werkstattaufträge und die Belastung der Werkstätten gegeben sein.

Der Schwerpunkt liegt jetzt *innerhalb* des Betriebes, und die Gewährleistung von Lieferfristen an den Kunden hat nur untergeordnete Bedeutung. Diese sind vielmehr Sache der Verkaufsabteilung, die ihre Kundentermine auf Grund der Leistungsfähigkeit des Werkes festsetzen muß. Allerdings wird sie sich dabei vorwiegend, wenn nicht ausschließlich, auf die Angaben des innerbetrieblichen Terminbüros stützen, weil nur dieses die maßgebende Auskunftsstelle für Fragen über die Liefermöglichkeit des Werkes ist.

Stellung des Terminwesens im Betrieb. Die Durchführung einer straffen Terminordnung verlangt bestimmte organisatorische Hilfsmittel und macht gewöhnlich auch die Einrichtung eines besonderen Büros notwendig, das mit entsprechenden Arbeitskräften besetzt werden muß. Sie kostet also Geld. Daher wird man zunächst die Frage aufwerfen: Sind Art und Größe eines Betriebes geeignet, diese Aufwendungen zu rechtfertigen oder führen sie nur zu einer unnötigen Erhöhung der Gemeinkosten?

Die Erfahrung zeigt, daß ein Erzeugnis um so billiger hergestellt werden kann, je schneller seine Einzelteile den Fertigungsfluß vom Rohstoff bis zum Zusammenbau durchlaufen. Wartezeiten an den Maschinen, Irrläufe oder Teileanhäufungen in den Werkstätten, Fehlgriffe bei der Anforderung von Teilen für den Zusammenbau und dergleichen hemmen den Durchfluß und binden Arbeitskräfte an falscher Stelle. Die Ausschaltung leistungsmindernder Einflüsse ist nun aber eine der Hauptaufgaben des Terminbüros, so daß schon aus diesem Grunde die Frage nach seiner Zweckmäßigkeit auch bei einfachen Betriebsverhältnissen fast immer bejaht werden kann. Je größer und verzweigter aber ein Unternehmen ist, desto brennender macht sich das Terminproblem bemerkbar und desto wichtiger ist eine klare Lösung. Dabei ist die Forderung unabweisbar, ein Terminbüro zu schaffen, das dem Betrieb *vorgelagert* ist und das bei der Gestaltung der Fertigungsprogramme ein entscheidendes Wort mitzusprechen hat.

Nun sind in der Praxis häufig Terminbüros anzutreffen, die sich damit begnügen, die Fehler der Arbeitsverteilung nachträglich zu verbessern und die gerade fehlenden Einzelteile einzutreiben, ohne Rücksicht auf irgendeine übergeordnete Planung. Ein solches Büro hat seinen Zweck ebenso verfehlt, wie jene kleinen Terminstellen die oftmals den Werkstätten angegliedert sind und die dann nur die Terminfragen innerhalb ihrer Abteilung behandeln können. Der eigentliche Zweck der angestrebten Organisation wird dann aber nicht mehr erfüllt, weil diese Teilstellen keinen Zusammenhang mit dem übrigen Betrieb haben, so daß der Überblick über die Gesamtheit des Fertigungsablaufes, den das Terminbüro haben soll, verloren geht.

Art der Termingebung. Für die Einzelfertigung bereitet die Festsetzung eines stichhaltigen Werkstatt-Termines oft erhebliche Schwierigkeiten, weil den Bearbeitungsmaschinen gewöhnlich nur kleine Fertigungsaufträge erteilt werden können, die auch nur eine kurze Laufzeit haben. Die Verhältnisse wechseln dauernd, so daß man nur selten Termine rechnerisch bestimmen kann.

Im Gegensatz dazu findet das Terminwesen in der Massenfertigung — auch schon in der größeren Reihenfertigung — einen gänzlich anderen Boden. Hier hat man den großen Vorteil, daß lange Zeit hindurch die gleichen Erzeugnisse mit gleichbleibenden Abmessungen hergestellt werden. Der vorhandene Maschinenpark besteht vielfach aus Einzweckmaschinen, und auch die sonstigen Werkzeugmaschinen und Betriebsanlagen führen nur eine beschränkte Zahl sich immer wiederholender Arbeiten aus. Damit besteht aber die Möglichkeit, den Maschinenpark auf weite Sicht vorauszubelegen und die Fertigungszeiten auch für entfernt liegende Aufträge rechnerisch genau zu bestimmen.

Die Möglichkeit, den Arbeitsablauf vorausplanend zu steuern, sollte sich kein Betrieb entgehen lassen. Leider aber ist vielfach die Scheu vor den hierzu notwendigen organisatorischen Maßnahmen und der Schreib- und Rechenarbeit so groß, daß man davon keinen Gebrauch macht. Wenn aber der Fertigungsfluß infolge Fehlens von Einzelteilen ins Stocken gerät oder der Zusammenbau nicht rechtzeitig beliefert werden kann, so ist man gezwungen, die Serien in kleine und kleinste Stückzahlen auseinanderzureißen, um den dringendsten Bedarf zu decken. Umfragen, Maschinenumstellungen, Akkordverluste und alle sonstigen Nachteile sind die Folgen. Schließlich greift man zu Aushilfen, die gewöhnlich darin gipfeln, daß sich die Betriebsangestellten im gegebenen Fall mit dem Eintreiben der wichtigsten Einzelteile befassen müssen. Dadurch aber geht mehr Zeit und Geld verloren als für ein zweckmäßig eingerichtetes Terminbüro aufzuwenden wäre.

Schwierigkeiten bei der Durchführung. Betriebe die ein innerwerkliches Terminwesen haben, wissen — und solche die es einzuführen beabsichtigen, werden es bald erfahren — daß auch die wohldurchdachteste Betriebsorganisation keine völlige Gewähr für einen reibungslosen Fertigungsablauf bietet. Man hat mit unvorhergesehenem Ausschuß zu rechnen, es gibt Maschinen- oder Werkzeugschaden, wichtige Arbeitskräfte fallen aus, Werkstoff- oder Teilezulieferungen verzögern sich. Ganz lassen sich diese Dinge nie vermeiden, aber man kann Vorkehrungen treffen und dadurch ihre schädlichen Einflüsse stark mindern, wenn man das Betriebsgeschehen organisatorisch möglichst genau beherrscht. Allerdings bietet auch die Organisation selber Fehlermöglichkeiten. Es ist gut, wenn man das von Anfang an mit berücksichtigt. Z. B. muß man sich darüber klar sein, daß die organisatorischen Maßnahmen nur dann wirksam sein können, wenn sie von allen beteiligten Stellen auch wirklich befolgt werden. Gelingt es nicht, das am Terminsystem beteiligte Personal für diese Gedanken zu gewinnen, so wird man hier mit großen Schwierigkeiten zu kämpfen haben, denn unzuverlässiges Handhaben der Organisationsmittel verursacht mehr Schaden als Nutzen, so daß die psychologische Seite dieser Aufgabe nicht unterschätzt werden darf[1].

Geltungsbereich. Es wird nun die Frage nach dem Anwendungsgebiet der vorstehend angedeuteten Grundzüge des Terminwesens zu stellen sein. Es gilt da die für jede Art betrieblicher Organisation gültige Regel, nämlich, daß fremde Verfahren und Maßnahmen immer dann auf den eigenen Betrieb übertragen werden können, wenn man sich offensichtlichen Nutzen davon verspricht. Es ist zwar in den folgenden Ausführungen hauptsächlich auf Erzeugnisse der Präzisions-Mengenfertigung, also der Metallindustrie Bezug genommen, doch lassen sich die Gedankengänge grundsätzlich auf jeden anderen Fertigungszweig übertragen, in welchem Erzeugnisse, die vielerlei Einzelteile enthalten oder zahlreiche Arbeitsgänge durchmachen, in *Massen* hergestellt werden. So wurde das Terminwesen mit Erfolg in Schuhfabriken und in der Textilindustrie eingeführt. Bei letzterer z. B. in der Trikotagen-Fertigung, wo es darauf ankommt, den Maschinenpark mit häufig wechselnden Mustern und einer Vielzahl von Größen oft in kurzen Abständen zu belegen und die Dauer des Arbeitsablaufes genau vorherzubestimmen. Eine Begrenzung der Anwendungsmöglichkeit liegt also innerhalb der Massenfertigung nicht vor, es sei denn, daß man als Grenze die Kosten der Organisation ansprechen will, die natürlich in einem günstigen Verhältnis zu dem angestrebten Nutzen stehen müssen.

II. Begriffsbestimmungen.
1. Einteilung der Massenfertigung.

Kennzeichnend für den Begriff der Massenfertigung ist die Abrechnung nach *Stückzahlen* in der Zeiteinheit (auch die Leistungsbestimmung nach Stück je Stunde oder je Schicht), während man in der Reihenfertigung nach Ende der aufgelegten Reihe (Serie) abrechnet. Die Massenfertigung ihrerseits läßt sich in 4 Gruppen unterteilen, die in bezug auf die organisatorische Behandlung, wie auch auf die Art der Terminberechnung verschiedene Aufgaben stellen. Der Unterschied liegt, wie die folgende Gegenüberstellung zeigt, hauptsächlich in der Beschäftigungsart, weniger dagegen in der Art der Erzeugnisse begründet. Es sind dies die Gruppen:

---

[1] S. a. STÜMPFLE: „Die Grundsätze der betrieblichen Organisation" S. 16ff. Berlin: Walter de Gruyter & Co. 1950.

1. Betriebe, die ununterbrochen nur ein Erzeugnis in einer oder in mehreren Ausführungsformen (Größen) herstellen.

2. Betriebe, die ununterbrochen mehrere verschiedene Erzeugnisse gleichzeitig und nebeneinander herstellen.

3. Betriebe, die eine größere Anzahl verschiedener Erzeugnisse in abwechselnder Folge herstellen.

4. Betriebe, die innerhalb eines gewissen Rahmens, Aufträge auf Massenartikel jeder Art und für jeden Zweck zur Ausführung bringen.

Es mag darauf verzichtet sein, zu jeder Gruppe die einschlägigen Industriezweige anzuführen, da dies erschöpfend nicht möglich ist. Die Gruppen 1 und 2 fassen wir unter der Bezeichnung „ununterbrochene Massenfertigung" zusammen. Im Gegensatz dazu stehen die Gruppen 3 und 4, welche als „wechselnde Massenfertigung" gelten.

2. Die Leistungsgrundzahl.

Zur rechnerischen Erfassung der Betriebsvorgänge bedarf es zunächst der Kenntnis, in welcher *Anzahl* die Erzeugnisse in einem bestimmten Zeitabschnitt hergestellt werden sollen. Das gilt für alle, im vorhergehenden Abschnitt eingeteilten Gruppen gemeinsam. Es wird fast immer möglich sein, hierfür eine genaue Zahl anzugeben, da der Betrieb von selbst schon eine gewisse Regelmäßigkeit der Erzeugung verlangt, um wirtschaftlich zu sein. Diese Größe läßt sich dabei ohne weiteres auf die *Stunde* beziehen, d. h. man hat zu untersuchen, wie hoch sich die Zahl der Fertigerzeugnisse beläuft, die das Werk stündlich herstellt. Diese Zahl ist als Grundlage zu betrachten, auf der alle weiteren Berechnungen hinsichtlich der Leistungsfähigkeit des Betriebes aufgebaut werden. Das ist der Begriff der *Leistungsgrundzahl*, und wir grenzen ab:

Die Leistungsgrundzahl ist diejenige Stückzahl versandfähiger Erzeugnisse ein und derselben Gattung, die ein Werk *stündlich* herstellt. Für Gruppe 1 und 2 ist, oder vielmehr soll sie eine feste Größe sein. Auf Gruppe 3 kann diese Forderung innerhalb begrenzter Zeitspannen ebenfalls ausgedehnt werden. Für die Erzeugnisse von Gruppe 4 gibt es keine Leistungsgrundzahl in diesem Sinne.

Die Leistungsgrundzahl ist das Maß für die Größe der Anforderungen, die man an die Lieferfähigkeit der Fertigungsmittel stellen muß, damit die gewünschte Menge des Erzeugnisses in der vorgeschriebenen Zeit hergestellt werden kann. Diese Überlegung ist eigentlich selbstverständlich, denn in jeder Art industrieller Fertigung wird man in den Werkstätten so viele Einzelteile je Zeiteinheit herstellen, wie im gleichen Zeitbetrag zum Zusammenbau des Gegenstandes benötigt werden. Es muß also eine Gleichläufigkeit von Erzeugung und Verbrauch innerhalb des Betriebes bestehen, wenn der Werdegang der Erzeugnisse reibungslos vonstatten gehen soll. So einfach diese Forderung ist, so wird ihr dennoch in vielen Werken nicht genügend Beachtung geschenkt, weil man sich häufig nicht völlig klar über die „Kapazität", d. h. über die Leistungsfähigkeit seines Maschinenparkes ist.

Wie bestimmt man nun die Leistungsgrundzahl in einem Werk?

Eine Uhrenfabrik stellt monatlich 30 000 Armbanduhren her. Diese Zahl ist eine überschlägliche Forderung der Geschäftsleitung auf Grund der gegenwärtigen Absatzmöglichkeit, sie entspricht aber auch nach den bisherigen Erfahrungen der Leistungsfähigkeit des Betriebes. Für die planende Regelung sind jedoch genauere Unterlagen vonnöten. Man erhält sie in Form der Leistungsgrundzahl, die auf folgende Art festgelegt wird:

Bekannt ist die wöchentliche Arbeitsstundenzahl; angenommen 48 Stunden. Normalerweise beträgt die Arbeitszeit im *Jahr* in Deutschland 50,5 Wochen, da eine und eine halbe Woche (7—9 Tage) durchschnittlich als Feiertage wegfallen. Die Umrechnung von Arbeitsmonaten in Arbeitswochen ergibt also einen Faktor zu

$$\frac{50,5}{12} = 4,2$$

Man berechnet damit die monatliche Arbeitsstundenzahl zu

$$48 \cdot 4,2 \approx 202 \text{ Std.}$$

Die Schwankungen in den einzelnen Monaten heben sich dabei gegenseitig auf.

Für das Beispiel beträgt somit die Leistungsgrundzahl

$$B = \frac{30\ 000}{202} = 148,5 \text{ Stck./Std.}$$

oder gerundet B = 150 Stck./Std.

Soll die Liefermöglichkeit eines Werkes gesteigert werden, so kann das entweder auf Grund einer erhöhten wöchentlichen Arbeitsstundenzahl geschehen (Überstunden) oder aber — und das ist vom betriebswirtschaftlichen Standpunkt aus das begrüßenswertere — auf Grund einer erhöhten Leistungsgrundzahl. In letzterem Fall ist dann allerdings sorgfältig nachzuprüfen, ob die vorhandenen Fertigungsmittel eine Steigerung der Leistung zulassen, ohne bedenkliche Störungen im Betriebsfluß hervorzurufen.

Nicht immer liegen aber die Verhältnisse so einfach wie in dem angeführten Beispiel. Denn meistens hat man zu berücksichtigen, daß ein Erzeugnis in mehreren Ausführungsformen (Mustern) oder in verschiedenen Größen hergestellt wird. Zur Erweiterung des obigen Beispiels nehmen wir also an, daß die 30 000 Uhren in den drei Mustern A, B und C zur Ausführung kommen, und zwar soll Muster A mit 50 vH., Muster B mit 30 vH. und Muster C mit 20 vH. an der Gesamtzahl beteiligt sein.

Im Hinblick auf die stetige Belieferung der Kunden wäre die *gleichzeitige* Anfertigung der drei Muster zu befürworten. Dies würde jedoch voraussetzen, daß ein sehr ausgedehnter Maschinenpark zur Verfügung steht, von dem ein beachtlicher Teil im Jahr unbenutzt bleibt. Man zieht es daher vor, die Maschinen abwechselnd auf die einzelnen Muster umzustellen. Dasselbe gilt auch für den Zusammenbau. Es wird auch hier meistens günstiger sein, einen oder mehrere Tage lang, nur *ein* Muster zusammenzubauen, weil man dadurch in der Lage ist, sowohl das anteilige Mengenverhältnis zu berücksichtigen, als auch sich der Schwerpunktverschiebung im Lieferprogramm anzupassen, die oftmals infolge wechselnder Konjunkturbewertung erforderlich wird.

Auf das Beispiel angewendet bedeutet das:

Bei 25 Arbeitstagen im Monat wird

$$\text{Muster A } 0{,}5 \cdot 25 = 12{,}5 \text{ Tage}$$
$$\text{Muster B } 0{,}3 \cdot 25 = 7{,}5 \;\;,,$$
$$\text{Muster C } 0{,}2 \cdot 25 = 5 \;\;\;\;,,$$

hindurch zusammengebaut.

Diese „Bautage" verteilt man möglichst gleichmäßig über den Monat — gegebenenfalls auch über einen längeren Zeitabschnitt — und erreicht damit bei günstigerer Maschinenausnutzung eine ebenso gleichmäßige Belieferung des Abnehmerkreises, wie es sonst bei gleichlaufender Herstellung der Fall wäre. Der gleichlaufende Zusammenbau mehrerer Ausführungsformen ist nur dann zweckmäßig, wenn die Mengen groß genug sind, um die fortwährende Verwendung verschiedener Vorrichtungen, Prüfgeräte usw. zu gewährleisten, oder wenn die Muster in Größe und Ausführung so stark voneinander abweichen, daß sich die gemeinsame Benützung der Geräte von selbst ausschließt. Aber auch in diesem Fall wäre noch zu untersuchen, ob man die Trennung nicht doch wenigstens im Hinblick auf den Einsatz von Facharbeitskräften durchführen sollte. Es gibt im Zusammenbau oftmals Arbeiten, die zu ihrer Ausführung eine ganz besondere Geschicklichkeit und Übung verlangen, so daß nur einige, besonders geschulte Leute in der Lage sind, diese auszuführen. Da nun aber die meisten Firmen gerade an solchen Arbeitskräften keinen Überfluß haben, so erscheint es ratsam, derartige Belegschaftsgruppen nicht durch gleichzeitige Beschäftigung mit mehreren Ausführungsformen auseinander zu reißen.

Um nun diese Dinge in der praktischen Anwendung zu berücksichtigen, ist es notwendig, die Leistungsgrundzahl aufzuteilen. Der Anteil, mit dem eine Ausführungsform an der Gesamterzeugung beteiligt ist, sei ε; damit beträgt die auf die Stunde bezogene Anzahl je Ausführungsform

$$\varepsilon \cdot B.$$

Die Leistungsgrundzahl von 150 Stck./Std. im Beispiel teilt sich also wie
folgt auf:

$$\text{Muster A: } \varepsilon_A \cdot B = 0,5 \cdot 150 = 75 \text{ Stck./Std.}$$
$$\text{Muster B: } \varepsilon_B \cdot B = 0,3 \cdot 150 = 45 \quad ,,$$
$$\text{Muster C: } \varepsilon_C \cdot B = 0,2 \cdot 150 = 30 \quad ,,$$
$$\overline{\qquad\qquad\qquad 150 \ \text{Stck./Std.}}$$

Den Wert $\varepsilon \cdot B$ benötigt man als Unterlage für die Berechnung der
Mengenleistung von Maschinen und Werkstätten, sobald es sich um die
ununterbrochene Herstellung eines Erzeugnisses in mehreren Ausführungsformen handelt. Er stellt also die auf die Stunde bezogene Aufteilung der Leistungsgrundzahl dar. Die Bedeutung des Mengenverhält-
nisses $\varepsilon \cdot B$ geht aber weit über die Programmgestaltung hinaus, denn
nach ihm richtet sich die Anforderung an die Leistungsfähigkeit der
Werkstätten.

Es ist wichtig, die Leistungsgrundzahl in einem Werk genau abzugrenzen. Manche Betriebe stellen gleichzeitig mehrere Arten von Er-
zeugnissen her (Gruppe 2), die fertigungstechnisch verwandt sind, ohne
daß man jedoch auf den ersten Blick entscheiden könnte, ob ihnen eine
gemeinsame Leistungsgrundzahl gegeben werden kann. Ein solcher Fall
lag bei einer Spiralbohrerfabrik vor, welche Spiralbohrer und Gewinde-
bohrer in der üblichen Durchmesserreihe ausführte. Die Fertigung floß
teilweise in einander über, d. h. eine Anzahl Bearbeitungsmaschinen, so
die Abstechautomaten für das Stangenmaterial, mußten den Bedarf für
beide Zweige decken. Andererseits gab es auch eine Reihe Sondermaschinen, die nur einseitig benutzt wurden. Man konnte also nicht ohne
weiteres eine bestimmte Zahl als einheitliche Leistungsgrundzahl angeben. Es wurde daher vorgezogen, mit zwei für beide Bohrerarten ge-
trennten Zahlen zu rechnen. Doch wäre es auch möglich gewesen, die
Gesamtherstellung je Stunde als Basis anzunehmen und diese dann in
zwei Untergruppen ,,Spiralbohrer'' und ,,Gewindebohrer'' aufzuteilen,
ähnlich wie das im Beispiel mit der Uhrenfabrik geschehen ist. Da nun
aber beide Erzeugnisse auch noch in verschiedenen Größen hergestellt
wurden, so hätte sich durch die nochmalige Aufteilung ein zu umständ-
liches Rechengebilde ergeben. Es ist also empfehlenswert, die Betriebsverhältnisse in dieser Richtung zu untersuchen, bevor man an die Ab-
grenzung der Leistungsgrundzahl herangeht.

3. Der Einbauverbrauch.

Die Leistungsgrundzahl gibt an, wieviel versandfähige Erzeugnisse
stündlich im Zusammenbau entstehen. Damit ist aber noch nicht festgelegt, wieviel Einzelteile jede Werkstatt liefern muß, um den laufenden

Bedarf des Zusammenbaus zu decken. Jedes Einzelteil wird stündlich sovielmal in der Zusammenbauwerkstatt benötigt wie

    a) die Leistungsgrundzahl die Herstellung erfordert,
    b) das Teil laut Stückliste im Erzeugnis vorkommt.

Wird dasselbe Einzelteil also m-mal im Erzeugnis eingebaut, so verbraucht der Zusammenbau das m-fache der Leistungsgrundzahl. Die Teilezahl, die sich aus den Punkten a und b ergibt, nennt man den *Einbauverbrauch*. Nach dem früher gebräuchlichen Wort „Montageverbrauch" wird er mit dem Buchstaben M in den Formeln bezeichnet. Für jedes in der Stückliste eines Erzeugnisses aufgeführte Teil ist der Einbauverbrauch nach obenstehenden Gesichtspunkten zu bestimmen.

Leistungsgrundzahl (B) und Einbauverbrauch (M)

sind Größen, die auf rechnerischem Wege für jeden Betrieb eindeutig festgelegt werden können. Dabei ist M immer eine Abhängige von B. Diesen beiden Größen steht nun eine dritte gegenüber, welche sich auf die Teilelieferung von seiten der Werkstätte bezieht.

4. Die Liefermenge.

Die Stückzahl M wird stündlich zum Einbau in das Erzeugnis benötigt. Die Anzahl Einzelteile, die jede Werkstatt zu liefern hat, ist jedoch größer als diese Zahl, weil im Verlauf der Arbeitsgänge Ausschuß anfällt, der naturgemäß ergänzt werden muß. Um die Stückzahl M sicherzustellen, muß also von jeder Fertigungswerkstatt ein Zuschlag auf ihre stündliche Lieferung verlangt werden, der so groß ist, wie die Menge, die erfahrungsgemäß als Ausschuß verlorengeht. Je niedriger dabei der Fertigungszustand eines Stückes ist, d. h. je mehr Arbeitsgänge noch bis zur Vollendung notwendig sind, desto höher muß der Zuschlag angesetzt werden, weil die Summe des Ausschusses aller nachfolgenden Arbeitsgänge miteinzuschließen ist.

Die Höhe des Zuschlages — auch Ausschußsatz genannt (Formelzeichen a) — ist von Fall zu Fall gesondert für die einzelnen Arbeitsgänge zu ermitteln. Das geschieht am sichersten auf statistischem Wege. Man gibt a meistens als Hundertsatz von M an und setzt

$$M\left(1 + \frac{a}{100}\right) = z\,.$$

Die Größe z nennt man die *Liefermenge*. Sie ist diejenige Stückzahl, die man von einer Maschinengruppe oder Werkstatt je Stunde verlangen muß, um den Einbauverbrauch einschließlich Ausschuß zu decken.

Wandert ein Bestandteil auf seinem Werdegang durch n Kontrollstellen, so ist, wenn $a_1, a_2 \ldots a_n$ die Ausschußsätze der einzelnen Werkstätte bedeutet und wenn man $1 + \dfrac{a}{100} = \alpha$ setzt, die Anforderung an die erste Werkstatt

$$z_1 = M \cdot \alpha_1 \cdot \alpha_2 \ldots \alpha_n$$

und an die letzte Werkstatt

$$z_n = M \cdot \alpha_n \, .$$

Allerdings wird es nicht immer nötig sein, den Ausschuß und damit die Liefermenge so weitgehend zu staffeln, weil man sich darauf beschränken kann, a als Durchschnittswert mehrerer Arbeitsgänge zu bestimmen und aufgerundet in die Rechnung einzusetzen. Die Staffelung ist immer dann vorteilhaft, wenn a bei den einzelnen Kontrollstellen bedeutende Schwankungen aufweist.

Die im Verlauf mehrerer Fertigungsstufen entstehende Abnahme der Liefermenge stellt graphisch eine gebrochene Linie dar. Wegen der Vergleichsmöglichkeit mit anderen Teilen und Stufen, kann ihre Aufzeichnung bedeutungsvoll sein. Man trägt auf der Abszisse eines rechtwinkligen Achsenkreuzes die Reihenfolge der Arbeitsgänge oder der Werkstätte an und auf der Ordinate in entsprechend gewähltem Maßstab die zugehörigen Liefermengen z. Abb. 1 zeigt, wie man durch Übereinanderzeichnen von mehreren Linienzügen die Veränderung der Ausschußmenge innerhalb verschiedener aber gleichgroßer Zeitabschnitte veranschaulichen kann.

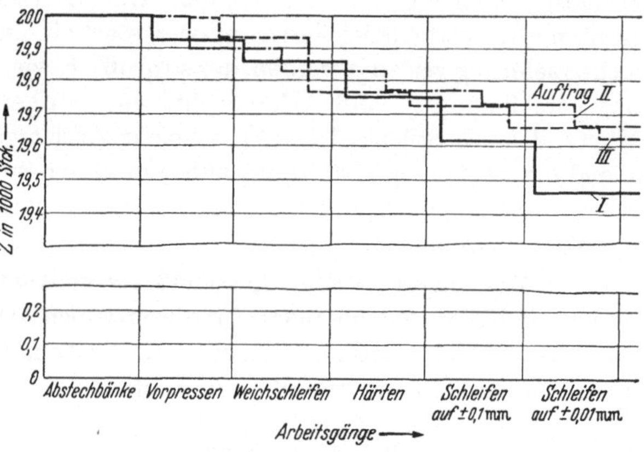

Abb. 1. Vergleich der Liefermengen z dreier Aufträge im Fertigungsverlauf.
Auftragshöhe: je 20 000 Lagerkugeln für Lager 50 $\varnothing$.

Es handelt sich hierbei um drei nacheinander erteilte Aufträge auf je 20 000 Lagerkugeln für 50iger Kugellager, welche die Werkstätten in der angegebenen Reihenfolge durchlaufen. Die treppenförmigen Linienzüge sollten sich eigentlich decken, da kein triftiger Grund vorliegt, daß drei unter den gleichen Bedingungen gefertigte Aufträge derart verschieden hohen Ausschuß aufweisen. Das Schaubild hat den Hinweis auf Fehlerhaftigkeit gegeben; es ist nunmehr Aufgabe des Betriebsmannes, die Ursache aufzusuchen und die Fehlerquelle zu beseitigen.

5. Die Mengenleistung.

Als Mengenleistung wird die Anzahl Werkstücke bezeichnet, die auf einer Maschine oder sonstigen Fertigungseinheit in der Stunde verarbeitet werden kann. Ihre Dimension ist somit Stück je Stunde, kg je Stunde usw.

Dagegen ist unter dem sehr oft anzutreffenden Ausdruck „Kapazität" einer Fertigungseinheit die auf die Schicht- auch auf die Wochen- oder Monatsstundenzahl bezogene Mengenleistung zu verstehen. Man erhält also die Kapazität je Schicht (auch Schichtleistung genannt), wenn man die Mengenleistung der betreffenden Maschine mit der Anzahl ihrer Arbeitsstunden vervielfacht.

6. Werkstattaufträge.

Eines der wichtigsten Hilfsmittel für die Steuerung des Fertigungsflusses ist seine richtige Untergliederung in Werkstattaufträge. Bekanntlich unterscheidet man Kundenaufträge und Werkstattaufträge. In der Einzel- oder Reihenfertigung sind die Kundenaufträge gewöhnlich mit den Werkstattaufträgen identisch. In der Masserfertigung dagegen muß der Fertigungsfluß gleichsam künstlich in besondere Fertigungs- oder Werkstattaufträge unterteilt werden. Das sind dann selbständige Kollektive, die als in sich geschlossenes Ganzes sämtliche Arbeitsgänge nacheinander durchlaufen, bis die Fertigstellung der Einzelteile soweit gediehen ist, daß sie zum Enderzeugnis zusammengebaut werden können. Es sind die Werkstattaufträge somit die Träger des Fertigungsflusses.

In den Betrieben bestehen oftmals Meinungsverschiedenheiten darüber, ob eine Unterteilung des Fertigungsflusses in besondere Aufträge notwendig ist oder nicht. Da man ständig große Mengen gleicher Teile herstellen muß, so überläßt man vielfach diese Dinge sich selbst, d. h. es werden ununterbrochen Teile gefertigt und zusammengebaut, womöglich ohne andere Stückzahlkontrolle als die Versandanzeigen der abgelieferten Erzeugnisse. Von Zeit zu Zeit werden dann Ausschußmengen oder nicht verbrauchte Einzelteile durch Bestandsaufnahmen ermittelt. Die unvermeidliche Folge sind jene bekannten Lagerhüter, die in den unzugänglichen Regalen der Fabriklager oder auf den Speichern ihr Dasein fristen, bis sie eines Tages auf dem Schrotthaufen enden. Sie haben aber alle einmal Geld gekostet und stellen ja nicht nur Betriebs- sondern auch Volksvermögen dar, dessen nutzlose Verschwendung sich fast immer

durch etwas vorausschauendes Planen in Form einer geeigneten Betriebsorganisation vermeiden läßt. Art, Höhe und Häufigkeit der Werkstattaufträge stellen daher ein wichtiges Kapitel unsrer Betrachtungen dar.
Insbesondere sind die Gesichtspunkte, nach denen die jeweilige Auftragshöhe (Auftragsstückzahl) zu bemessen ist, ausführlich zu besprechen.

7. Terminwesen und Arbeitszeitermittlung.

Das Maß für die Leistungsfähigkeit einer Werkstatt ist letztlich die
Arbeitsleistung der darin beschäftigten Menschen. Wie weit auch die
Arbeitsteilung oder die Selbsttätigkeit der maschinellen Einrichtung ge-
trieben sein mag, ohne die geistige und körperliche Wirksamkeit des
Menschen ist ein Fertigungsergebnis nicht denkbar. Daher wird jede Art
von Kapazitätsberechnung auf die *menschliche Arbeitsleistung* zurückgeführt werden müssen, und diese ist es ja auch, die in Form der ,,Mengen-
leistung‘‘ als Arbeitsergebnis einer Maschine zutagetritt, selbst dann,
wenn die Tätigkeit des Menschen nicht mehr fertigenden sondern nur
noch überwachenden Charakter hat, wie z. B. im Automatenbetrieb.

Die Arbeitsleistung ist eine Funktion der aufgewendeten Zeit. Diese
genauestens zu bestimmen, ist Aufgabe der Arbeitszeitermittlung, ein
Teilgebiet der Betriebswissenschaft, mit dem sich in Deutschland bekanntlich der REFA[1] seit mehr als 2 Jahrzehnten eingehend befaßt.
Die Summe der Erkenntnisse auf diesem Gebiet ist im Refa-Schrifttum
und in den einschlägigen Fachzeitschriften niedergelegt. Auf einige, für
die Belange des Terminwesens wichtige Schriften verweist — ohne freilich
einen Anspruch auf Vollständigkeit zu erheben — das Schrifttumsver-
zeichnis am Ende dieses Buches.

Das vom Refa vermittelte Gedankengut, insbesondere die Zeitgliederung, hat in so gut wie allen Industriezweigen Eingang gefunden und kann
als allgemein anerkannt betrachtet werden. Es ist daher keine Frage, daß
sich auch die Berechnungsgrundlagen des Terminwesens, soweit sie die
Fertigungszeiten betreffen, auf die Zeitbegriffe nach Refa stützen. Es
muß hier von diesen Begriffen wiederholt Gebrauch gemacht werden, so
daß es zur Vermeidung von Mißverständnissen ratsam erscheint, die
wichtigsten Einzelheiten der Zeitgliederung nachstehend aufzuführen.

Die gesamte, zur Ausführung eines Werkstattauftrages (Loses) not-,
wendige Zeit heißt Auftragszeit. Diese gliedert sich in folgende haupt-
sächliche Zeitelemente[2]:

a) Die Rüstzeit t_r .

Das ist die Zeit, die ausschließlich der Vorbereitung des Arbeitsablaufes für den betrachteten Auftrag dient, sowie nach Erledigung des

---

[1] Anschrift jetzt: Arbeitsgemeinschaft der Verbände für Zeitstudien, Refa.
Braunschweig: Garküche 3.

[2] Vgl. ,,Grundlagen des Arbeits- und Zeitstudiums‘‘ Bd. III. München: Carl
Hanser-Verlag 1948.

Auftrages der Wiederherstellung des ursprünglichen Zustandes. Für die Rüstzeit ist kennzeichnend, daß sie je Auftrag nur einmal vorkommt.

In der Massenfertigung treten Rüstzeiten im allgemeinen nur auf, wenn die Maschinen für andere Werkstückabmessungen (andere Typen, Ausführungsformen des Erzeugnisses) umgestellt werden müssen. Sie sind also selten und im Vergleich zu den eigentlichen Fertigungszeiten in der Regel nur kurz, so daß sie bei Kapazitätsberechnungen gewöhnlich nicht berücksichtigt zu werden brauchen. Ausnahmen bilden allerdings die Automaten-Werkstätten, worauf in Abschnitt III, 4 noch eingegangen wird.

b) Die Einzel- oder Stückzeit t_e (bzw. t_{st}).

Beide Zeitbegriffe stehen für einander. Es wird darunter die Zeit für die Durchführung des einzelnen Arbeitsganges bei der Herstellung jedes Werkstückes verstanden. Die Stückzeit ist daher so oft in die Auftragszeit einzusetzen wie Werkstücke zu bearbeiten sind.

c) Die Grundzeit t_g.

Die Grundzeit ist die Zeit, die zur *verlustlosen* Ausführung einer Einheit des Auftrages, z. B. eines Einzelstückes, berechnet oder durch Zeitaufnahmen gemessen ist.

Die Grundzeit kann für Kapazitätsberechnungen im allgemeinen *nicht* verwendet werden, weil die bei der Arbeit auftretenden Zeitverluste nicht darin enthalten sind.

d) Die Verlustzeit t_v.

Unter Verlustzeiten versteht man die Zeiten, während der die Vorbereitung oder die mittel- oder unmittelbare Ausführung des Auftrages unterbrochen ist.

Die Höhe der Verlustzeit ist jeweils durch besondere Verlustzeitstudien zu ermitteln und der Grundzeit als Hundertsatz zuzuschlagen.

Für die Berechnung der Mengenleistung[1] muß lediglich die Einzel- oder Stückzeit t_e bekannt sein, die sich nach obigem zusammensetzt aus Grundzeit und Verlustzeitzuschlag:

$$t_e = t_g + t_v \text{ Minuten je Stück.}$$

e) Die Vorgabezeit.

Unter Vorgabezeit ist der Zeitwert zu verstehen, der dem Arbeiter zur Ausführung einer bestimmten Arbeit vorgegeben wird. Sie wird ihm auf dem Akkordschein entweder unmittelbar als Zeitwert oder umgerechnet als Geldwert bekannt gegeben[2].

In der Massenfertigung ist die Vorgabezeit mit der Einzel- oder Stückzeit identisch. Sie ist die Grundlage, auf der die Leistungsberech-

---

[1] Vgl. Abschnitt III, 3.
[2] Die Definition für die Vorgabezeit ist dem 2. Refabuch entnommen.

nungen aufgebaut werden. Man kann jedoch diese Zeiten — sei es nun die Vorgabe- oder Stückzeit — nur dann als Berechnungsgrundlage benützen, wenn sie auch tatsächlich die Zeit richtig wiedergeben, die für die Ausführung der fraglichen Arbeit benötigt wird. Das ist erfahrungsgemäß keineswegs immer der Fall. So sind die Vorgabezeiten zur Wahrung tarifpolitischer Interessen manchmal künstlich gestreckt, indem der Zeitanteil des Akkordsatzes absichtlich erhöht wird, um dem Arbeiter bei feststehendem Geldfaktor einen höheren Verdienst zu sichern. Vor allem aber muß der Vorgabezeit die „Normalleistung" zugrunde gelegt sein. Hier spielt der im Schrifttum viel behandelte „Leistungsgrad" des Arbeiters herein, d. h. die Frage, inwieweit die mittelst Zeitmeßgerät bestimmte Ausführungs- oder Fertigungszeit den am Arbeitsplatz benötigten Zeiten tatsächlich entspricht. Der Leistungsgrad ist das Verhältnis zwischen der vom Arbeiter bei der Zeitstudie gezeigten Leistung und der berufsüblichen „Normalleistung". Es ist nicht Aufgabe dieses Buches, auf die in diesem Zusammenhang bestehenden Probleme näher einzugehen. Wichtig für unsere Betrachtungen ist jedoch die Tatsache, daß der Leistungsgrad bei der Festlegung von Stück- oder Vorgabezeiten gebührend berücksichtigt sein muß, damit die darauf fußenden Kapazitätsberechnungen stichhaltig sind.

Ferner sind Vorgabezeiten auch auf ihre *gegenwärtige Gültigkeit* zu prüfen. Es kommt nämlich häufig vor, daß ursprünglich richtig ermittelte Zeiten infolge geänderten Arbeitsablaufes oder Veränderungen in der maschinellen Leistung nicht mehr genau stimmen. Meistens sind sie zu hoch, weil man es unterlassen hat, sie den neuen Verhältnissen anzugleichen. Zu hohe Stückzeiten ergeben aber rechnerisch zu niedrige Mengenleistungen. Man könnte der Ansicht sein, daß auf diese Weise eine für die Belange des Terminwesens zu begrüßende Leistungsreserve geschaffen würde. Dies mag in manchen Fällen auch zutreffen, doch wirkt sich die Unterbewertung von Mengenleistungen sehr oft nachteilig aus, und zwar vor allem durch die daraus folgende zu niedrige Nutzung der Werkstatt-Leistung. Sind die aufgrund falscher Stückzeiten berechneten Laufzeiten zu lang, so schieben sich alle nachfolgenden Liefertermine hinaus, der „Nutzungsgrad" der Werkstatt wird zu niedrig, eine Tatsache, die natürlich von Seiten der Werkstatt (die den wirklichen Sachverhalt bald heraus gefunden hat), dem Terminbüro nach Möglichkeit verheimlicht wird.

Aus diesen Hinweisen ist zu ersehen, daß man bei der Verwertung von Akkordzeiten, sofern sie nicht auf sorgfältigen Zeitstudien beruhen, Vorsicht walten lassen muß. Überall da, wo keine eindeutigen Zeitunterlagen vorhanden sind, sollte man auf die *statistische* Ermittlung der Mengenleistungen zurückgreifen. Es liegen ja in den Betrieben gewöhnlich Akkordkarten, Leistungsnachweise oder dergleichen vor, aus denen die wirklich erzielte Mengenleistung oder der für die Mengeneinheit benötigte Zeitaufwand ersehen werden kann. Sie stellen meistens ein getreues Abbild der Leistungsfähigkeit in den einzelnen Arbeitsgängen dar und können daher mitunter eher als Berechnungsgrundlage verwendet werden als die Vorgabezeiten selber. Voraussetzung ist allerdings, daß die Leistungsnachweise ihrerseits unverfälschte Angaben über das Verhältnis zwischen geleisteter Arbeit und verbrauchter Zeit machen[1].

III. Die Berechnung der Liefermöglichkeit von Maschinen und Werkstätten[2].

Die Voraussetzung für eine einwandfreie Terminbestimmung ist die Kenntnis der Leistungsfähigkeit der zu überwachenden Werkstätten. Denn die Wirkung der Terminordnung wird hinfällig, wenn man nicht mit Bestimmtheit sagen kann, daß die Werkstätten den geforderten Ansprüchen auch tatsächlich gewachsen sind. Daher ist es wichtig, daß der Termin-Ingenieur stets in der Lage ist, sich eindeutige Unterlagen in dieser Beziehung zu beschaffen. Der Zusammenhang zwischen „Zeit" und „Menge" in der Massenfertigung ermöglicht es, die Leistungsfähigkeit der Betriebsmittel formelmäßig zu erfassen. Hierzu sind nachfolgend eine Reihe von Formeln abgeleitet. Bei der Anwendung im Betrieb wird es jedoch vielfach nötig sein, sinngemäße Änderungen vorzunehmen, denn eine einmal gegebene Rechenvorlage kann nicht willkürlich jeder Betriebsart aufgezwungen werden. Es sollen also keine „Rezepte" aufgestellt werden, sondern nur Anregungen gegeben, wie man die Zusammenhänge in einem Betrieb der Massenfertigung erfassen und entsprechend auswerten kann. So beziehen wir beispielsweise die Vorgabezeit immer auf 1000 Stück, d. h. Vorgabe = Zeit zur Vornahme von je ein und derselben Arbeit an 1000 aufeinanderfolgenden Werkstücken. Auf diese Weise wird das unbequeme Rechnen mit kleinen Bruchteilen von Stunden vermieden, das sich infolge der meist sehr geringen Stückzeiten der Massenfertigung ergibt. Liegen jedoch die Verhältnisse hinsichtlich Stückzeit und Mengen bedeutend anders, so wäre es natürlich empfehlenswert, die Vorgabe auf eine höhere oder niedrigere „Einheitsstückzahl" zu beziehen.

1. Formel für den Einbauverbrauch.

Der Einbauverbrauch kann allgemein berechnet werden zu

$$M = B \cdot \varepsilon \cdot m \text{ Stck./Std.} \tag{1}$$

---

[1] Vgl. hierzu: Dr. H. MAUCHER: „Wahre und statistische Belegschaftsleistung", Mensch und Arbeit, Zeitschrift für Sozial- und Wirtschaftspraxis, H. 9, 1950.

[2] Vgl. hierzu auch: KNECHT: „Die Kapazitätsbestimmungen in der Massenfertigung", Girardets Industrie-Anzeiger. Essen. 1951.

Darin ist $B=$ Leistungsgrundzahl,

$\varepsilon=$ Mengenverhältnis,

$m=$ Anzahl des Teiles im Erzeugnis.

Beispiel. Eine Fabrik für elektrische Geräte stellt stündlich 300 Schalter in verschiedenen Größen her. Eine bestimmte Größe ist mit 22 v.H. an der Gesamterzeugung beteiligt. In jedem Schalter sind 4 Klemmen eingebaut, deren Abmessungen je nach dem Baumuster verschieden groß sind. Der Einbauverbrauch für die Klemmen ist zu bestimmen.

Es ist also: Die Leistungsbasis $B=300$ Schalter je Stunde,

das Mengenverhältnis $\varepsilon\ =0,22$

die Anzahl Teile $m=4$ Stück

und damit

$$M = 300 \cdot 0{,}22 \cdot 4 = 264 \text{ Stück je Stunde.}$$

2. Formel für die Liefermenge.

Die Liefermenge ist bereits im II. Abschnitt formelmäßig angeführt. Dort wurde festgelegt:

Die von einer Maschine oder Werkstatt stündlich zu fordernde Stückzahl beträgt bei einem Einbauverbrauch von M Stck.

$$z = M \left(1 + \frac{a}{100}\right) \text{Stck.} \tag{2}$$

wenn a der Ausschußsatz in vH. ist, der bei dem betreffenden Arbeitsgang durchschnittlich anfällt.

3. Formel für die Mengenleistung.

Die Mengenleistung L einer Erzeugungseinheit hängt von der für den betreffenden Arbeitsgang vorgegebenen Stückzeit t_{st} Min. ab. Die Rüstzeit bleibt unberücksichtigt, weil L nur diejenige Stückzahl angibt, die in der Zeiteinheit tatsächlich geliefert wird. Man kann daher L als den Kehrwert der Stückzeit definieren, d.h. es ist

$$L = \frac{1}{t_{st}}.$$

Gewöhnlich ist aber nur die Leistung je *Stunde* wissenswert. Die in den Arbeitsplänen in Minuten angegebenen Stückzeiten müssen dann auf die Stunde umgerechnet werden, und es ist $L = \dfrac{60}{t_{st}}$ Stck./Stunde.

Ist die Stückzeit nicht in Minuten, sondern in Stunden angegeben und auf eine größere Einheit, z.B. 100 oder 1000 oder allgemein x-Stck. bezogen, so muß die Formel entsprechend abgeändert werden. Für die allgemeine Bezugsgröße x wird

$$L = \frac{x}{t_{st}} \text{ Stck./Std.} \tag{3}$$

Allen nachfolgenden Leistungsberechnungen ist die Einheitsstückzahl 1000 zugrunde gelegt; damit ist die Formel maßgebend

$$L = \frac{1000}{t_{st}} \text{ Stck./Std.} \tag{4}$$

wo t_{st} in Stunden je 1000 Stck. einzusetzen ist.

4. Formel für die Berechnung der Maschinenzahl.

Soll der Umfang der bisherigen Erzeugung erweitert oder eingeschränkt werden, so sieht man sich häufig vor die Frage gestellt, wieviele Maschinen mit gegebener Mengenleistung unter den neuen Verhältnissen benötigt werden. Diese Frage taucht auch dann auf, wenn ein Unternehmen der Massenfertigung das Programm auf seine Durchführungsmöglichkeit untersuchen möchte, oder wenn dem Unternehmen ein neuer Fertigungszweig angegliedert werden soll, für den man die Zahl der zu beschaffenden Maschinen bestimmen will.

Die notwendige Maschinenzahl errechnet sich aus dem Verhältnis der stündlichen Liefermenge zur stündlichen Leistung *einer* Maschine. Theoretisch ist die Maschinenzahl

$$n_{th} = \frac{z}{L}. \tag{5}$$

Werden auf einer Maschine mehrere Werkstücke mit verschiedenen Abmessungen bearbeitet, für die auch verschiedene Stückzeiten vorliegen, so muß das entsprechend berücksichtigt werden. Es ist dann

$$n_{th} = \frac{z_1}{L_1} + \frac{z_2}{L_2} + \cdots \frac{z_x}{L_x}. \tag{5a}$$

Z. B. dauert das Ausbohren eines Stellringes von 50 $\varnothing$ länger als das eines von 20 $\varnothing$; werden nun beide Größen in verschiedenen Mengen in der Fertigung verwendet, so tritt der zuletzt geschilderte Fall ein.

Das Verhältnis $\frac{z}{L}$ weist meistens einen Wert auf, der größer oder kleiner als eine ganze Zahl ist. Die wirkliche Maschinenzahl n_w, die man verwenden will, wird also durch Auf- oder Abrunden auf eine ganze Zahl erreicht. Rundet man ab, d. h. wird $n_w < n_{th}$, so muß man sich darüber klar sein, daß dies nur auf Kosten von Überstunden geschehen kann, welche die betreffende Maschinengruppe über die normale Arbeitszeit hinaus zu leisten hat. Bei der Festlegung von n_w ist ferner zu prüfen:

a) Wie groß ist der Grad der Empfindlichkeit von Maschinen und Werkzeugen? (Toleranzen!)

b) Wie oft müssen die Maschinen innerhalb eines bestimmten Zeitabschnittes neu eingerichtet werden (Rüstzeiten)?

Zu a): Der Grad der Empfindlichkeit kann auf den ungehinderten Fortgang der Arbeiten u. U. einen recht bedeutenden Einfluß ausüben.

Bekannt sind in der Stanztechnik die Unterbrechungen, die durch Unbrauchbarwerden des Schnittes entstehen. Nicht immer läßt sich der Schaden allein durch Auswechseln des fraglichen Stückes beheben. Es entstehen oft erhebliche Zeitverluste, die sich ungünstig auf die Gleichmäßigkeit des Arbeitsablaufes auswirken können. Es ist daher empfehlenswert, dort, wo mit solchen Zeitverlusten öfters gerechnet werden muß, deren Größe durch besondere Beobachtungsverfahren, z.B. auf statistischem Wege zu ermitteln und bei der Festlegung von n zu berücksichtigen.

Zu b): Die Tatsache, daß in der Massenfertigung die Rüstzeiten im Vergleich zu den Ausführungszeiten meist nur gering sind, verleitet dazu, die Rüstzeit überhaupt nicht zu berücksichtigen. Ihr Einfluß sollte jedoch immer dann untersucht werden, wenn die Umstellung der Maschinen besonders langwierig oder umständlich ist, wie z.B. im Automatenbetrieb[1]. Dieser Punkt wird vielfach zu wenig beachtet, und es herrscht dann Verwunderung, wenn trotz rechnerischer Bestimmung der Werkstatt-Leistungsfähigkeit Terminschwierigkeiten auftreten, oder wenn die Einrichter Nächte hindurch arbeiten müssen, damit die Maschinen rechtzeitig betriebsfertig sind.

Sind Anzahl und Höhe der auf der betreffenden Maschinengruppe zu fertigenden Aufträge bekannt, so läßt sich die Untersuchung auf einfache Weise anstellen. Man rechnet die Summe der anfallenden Fertigungszeiten während eines nicht zu kurzen Zeitraumes auf Grund der jeweiligen Mengenleistungen L aus und vergleicht sie mit der Summe der zugehörigen Rüstzeiten. Es ist also das Verhältnis $\Sigma t_r : \Sigma T$ aufzustellen, wobei $T = \dfrac{h}{L}$, d.i. die Fertigungszeit (*ohne* Rüstzeit) *eines* Auftrages mit der Höhe h Stck. Nur dann, wenn das Verhältnis sehr klein ist $\left(\text{etwa} < \dfrac{1}{50}\right)$, so darf der Einfluß der Rüstzeiten vernachlässigt werden. Statt dieses Verhältnis aufzustellen, kann man t_r auch formelmäßig erfassen, wie nachstehend gezeigt wird. Von der Formel sollte immer dann Gebrauch gemacht werden, wenn hohe Rüstzeiten und niedere Auftragshöhen zusammenkommen.

Eine Rüstzeit kann sich auf einen einzelnen Auftrag oder auch auf eine Anzahl gleicher Aufträge beziehen, Wir fassen zunächst nur einen einzigen Auftrag ins Auge. Bei einer Mengenleistung von L Stck./Std. beträgt die Gesamtzeit, während der die Maschine (oder Maschinengruppe — was im folgenden nicht mehr besonders betont sei) durch die vorliegende Arbeit besetzt ist:

$$T_{ges} = t_r + \frac{h}{L}\ \text{Std.} \tag{6}$$

---

[1] Vgl. auch: V. KNECHT, „Zeitstudien u. Leistungslohn im Automatenbetrieb". Werkstattstechnik und Maschinenbau (1950), H. 8.

Diesen Zeitbetrag kann man sich auch zustande gekommen denken durch eine „reduzierte" Mengenleistung L_{red}, die etwas geringer ist als die tatsächliche Leistung L. (Gl. (6) wäre dann zu schreiben

$$T_{ges} = \frac{h}{L_{red}} . \tag{7}$$

Dabei ist zu bedenken, daß L_{red} nur ein begriffliches Hilfsmittel ist, da sich die Mengenleistung in Wirklichkeit ja nicht vermindert. Ihre Größe kann aus Gl. (7) bestimmt werden, wenn man T_{ges} durch Gl. (6) ausdrückt. Es ist dann

$$L_{red} = \frac{h}{t_r + \dfrac{h}{L}} . \tag{8}$$

Mit diesem Ausdruck wird nun die Maschinenzahl berechnet:

$$n' = \frac{z}{L_{red}} = \frac{z}{\dfrac{h}{t_r + \dfrac{h}{L}}}$$

oder nach Umformung

$$n' = \frac{z}{L} + \frac{z}{h} t_r .$$

Da $\dfrac{z}{L} = n_{th}$ ist, so ergibt sich die Gleichung

$$n' = n_{th} + \frac{z}{h} t_r . \tag{9}$$

Diese Formel gilt jedoch nur für einen einzigen Auftrag. In Wirklichkeit liegt der Fall so, daß innerhalb eines bestimmten Zeitabschnittes eine größere Anzahl Aufträge erledigt werden muß, die sowohl verschieden hoch sein, als auch ungleichgroße Rüstzeiten haben können. Man hat also die Summe aller Aufträge, die auf der betreffenden Maschine zu bearbeiten sind, sowie ihre zugehörigen Rüstzeiten während eines genügend langen Zeitraumes zu betrachten. In der Massenfertigung lassen sich diese Größen gewöhnlich ohne Mühe angeben. (Gl. 9) ändert sich dann in

$$n' = n_{th} + \sum \frac{z}{h} t_r . \tag{10}$$

Hierin ist n' die Maschinenzahl, die sich unter Berücksichtigung der anfallenden Rüstzeiten ergibt.

5. Formel für den Belastungsgrad.

Zwischen Terminbüro und Betrieb entstehen häufig Streitigkeiten über die Frage, welche Stückzahlen von der Werkstatt verlangt oder umgekehrt von ihr geliefert werden können. Ferner ist es oft bedeutungsvoll, die Belastung einer Werkstatt in Erfahrung zu bringen, weil man danach Maßnahmen hinsichtlich der Erledigung weiterer Aufträge treffen und gegebenenfalls auch Personalfragen klären kann. Aus diesen Gründen stellt man den Belastungsgrad β fest, der angibt, zu wieviel vH. eine Erzeugungseinheit (auch Werkstatt) durch die laufende Fertigung ausgenutzt ist.

Grundsätzlich läßt sich der Belastungsgrad durch das Verhältnis der benötigten zur geleisteten Arbeitsstundenzahl ausdrücken. Diese Zahlen lassen sich jedoch nicht immer einwandfrei erfassen, so daß es meist einfacher ist, β als das Verhältnis der theoretisch benötigten zur wirklich vorhandenen *Maschinenzahl* darzustellen. Es ist also

$$\beta = \frac{n_{th}}{n_w} = \frac{\dfrac{z}{L}}{n_w} . \tag{11}$$

Gegebenenfalls ist auch zu setzen:

$$\beta = \frac{n'}{n_w} .$$

Für den allgemeinen Fall, daß auf einer Maschinengruppe mehrere Teile mit verschieden großer Stückzeit bearbeitet werden, ist:

$$\beta = \frac{\dfrac{z_1}{L_1} + \dfrac{z_2}{L_2} + \cdots \dfrac{z_x}{L_x}}{n_w} . \tag{11a}$$

Statt der Mengenleistungen kann man auch die Stückzeiten angeben. Mit $L = \dfrac{x}{t}$ Stck./Std. ist dann

$$\beta = \frac{\dfrac{z_1 t_1}{x} + \dfrac{z_2 t_2}{x} + \cdots \dfrac{z_x t_x}{x}}{n_w} = \frac{\sum \dfrac{z\,t}{x}}{n_w} . \tag{12}$$

Beispiel. In der Gießerei einer Gasofenfabrik stehen für die laufende Fertigung zwei Sonder-Gießmaschinen zur Herstellung von zwei bestimmten Gußstücken zur Verfügung. Die Stückzeiten betragen

$$t_1 = 5,7 \text{ Std./1000},$$
$$t_2 = 6,4 \text{ Std./1000}.$$

Es ist zu prüfen, ob noch ein drittes Teil mit $t_3 = 4,8$ Std./1000 auf diesen Maschinen hergestellt werden kann.

Die Leistungsgrundzahl des Werkes beträgt 130 Stck./Std. und ist hier mit dem Einbauverbrauch identisch; der Ausschuß, der bei diesen Teilen in der Gießerei und in den nachfolgenden Werkstätten anfällt, wird mit etwa 6 vH. angegeben.

Die Liefermenge beträgt also

$$z = M\left(1 + \frac{a}{100}\right) = 130 \cdot 1{,}06 = 138 \text{ Stck./Std.},$$

wobei z in diesem Fall für alle Teile gleich groß ist.

Der Belastungsgrad bei Belegung mit Teil 1 und 2 ist

$$\beta = \frac{\dfrac{z}{1000}(t_1 + t_2)}{n_w} = \frac{\dfrac{138}{1000}(5{,}7 + 6{,}4)}{2} = 0{,}84.$$

Wird das dritte Teil auch noch auf den beiden Maschinen gegossen, so lautet der Belastungsgrad

$$\beta = \frac{138}{1000 \cdot 2}(5{,}7 + 6{,}4 + 4{,}8) = 1{,}17.$$

Aus diesen Berechnungen geht hervor, daß die Maschinen bei Belegung mit Teil 1 und 2 nur mit 84 vH. ihrer vollen Leistungsfähigkeit ausgenutzt sind. Sie sind also nicht ununterbrochen in Betrieb. Die Pausen können zu Instandsetzungs- oder Überholungsarbeiten verwendet werden.

Wollte man Teil 3 hier auch noch unterbringen, so ergäbe sich eine Überbelastung von 17 vH., die innerhalb der normalen Arbeitsstunden nicht ausgeglichen werden kann. Maschinen, deren Belastungsgrad = 1, oder, wie in obigem Fall, gar > 1 ist, können aber leicht ernste Betriebsstörungen hervorrufen, wenn sie einmal infolge eines Schadens ausfallen. Aus diesem Grunde sollte man nur sehr teure Maschinen so ausnutzen, daß sie dauernd in Betrieb sind, denn in diesem Fall läßt sich das durch die günstigere Abschreibung rechtfertigen.

IV. Die Fertigungsgrade.

Der Fertigungsfluß eines in Massen hergestellten Erzeugnisses ist je nach Art und Beschaffenheit des Erzeugnisses mehr oder weniger stark verästelt. Die genaue Kenntnis dieses Flusses ist für die Terminordnung die wichtigste Unterlage zur Schaffung eines geregelten Arbeitsablaufes. Naturgemäß weist hierin jeder Betrieb seine Eigenheiten auf.

Der Fertigungsfluß zeigt, auf die einfachsten Verhältnisse zurückgeführt, folgenden Gang:

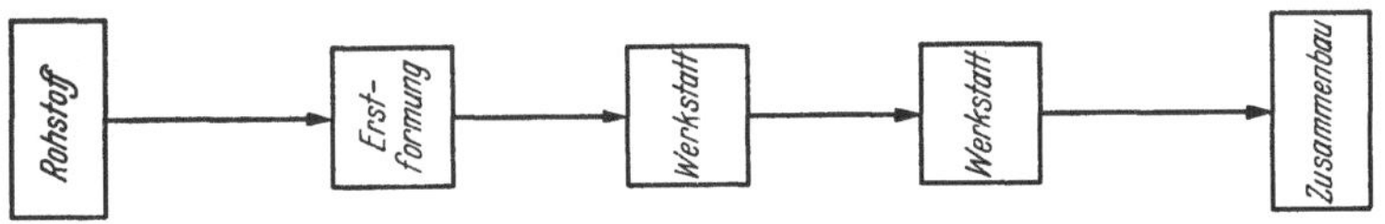

Abb. 2. Schematische Darstellung des Fertigungsflusses ohne Unterbrechung durch Zwischenlager.

Die „Erstformung" ist der Urzustand des künftigen Fertigteiles, also diejenige Form, die das Rohteil unmittelbar nach dem Herausarbeiten aus dem Rohstoff einnimmt. Den Zustand der Erstformung hat z.B.

bei gegossenen Teilen der Gußrohling, bei gestanzten Teilen das unbearbeitete Stanzteil inne.

Im Verlauf der weiteren Bearbeitung durchlaufen die Werkstücke nun weitere Arbeitsgänge, wobei sie den Grad ihres Fertigungszustandes ständig steigern. Aus organisatorischen Gründen ist es vorteilhaft, wenn man solche Arbeitsgänge, die einen *deutlichen Fortschritt* im Sinne der Fertigstellung am Werkstück hervorrufen, zu Gruppen zusammenfaßt und als „*Fertigungsgrade*" mit besonderen Bezeichnungen versieht.

Der Rohstoff hat den Fertigungszustand „null". Er unterscheidet sich lediglich durch die Form seiner Anlieferung, z. B. als Rundeisen oder Bandstahl oder Preßmasse usw. Durch die Erstformung erhält er seinen 1. Fertigungsgrad (auch 1. Fertigungsstufe genannt), und man spricht je nach Herkunft und Aussehen von Automaten-, Stanz-, Preßrohteilen, die man mit sinngemäßen Kurzbezeichnungen versieht. So nennen wir im folgenden Werkstücke, die

$$
\begin{aligned}
&\text{auf Automaten hergestellt wurden} \ldots \ldots \quad A\text{-Teile}\\
&\text{auf Stanz- oder Ziehpressen hergestellt wurden}\quad S\text{- \,,}\\
&\text{gegossen wurden} \ldots \ldots \ldots \ldots \ldots \quad G\text{- \,,}\\
&\text{aus Preßmasse hergestellt wurden} \ldots . \quad P\text{- \,,}
\end{aligned}
$$
usw.

Diese Bezeichnungen weisen also auf die Art der Entstehung der Teile hin. Sie erhalten sie mit dem Abschluß der Erstformung. So erhält beispielsweise der Gußrohling seine Bezeichnung „G", in dem Augenblick, in dem der letzte, mit dem Gießverfahren zusammenhängende Arbeitsgang beendet ist. Als G-Teil wandert er dann in die nächste Werkstatt, wo er diesen Grad so lange führt, bis alle dort vorgeschriebenen Arbeitsgänge erledigt sind, d. h. bis er durch die Art der Bearbeitung wiederum einen höheren Fertigungsgrad erhält. Diesen benennt man dann gleichfalls sinngemäß nach dem gegenwärtigen Aussehen des Werkstückes oder nach der Art der vorgenommenen Arbeiten. So kann man etwa ein Teil, das vernickelt wurde, Ni-Teil nennen usw.

Da wir in unserer Abhandlung neutrale Bezeichnungen benötigen, so nennen wir diejenigen Teile, welche die Erstformung erfahren haben, kurz E-Teile; hat ein E-Teil eine Bearbeitung erfahren, die seinen Herstellungsgang noch nicht völlig abschließt, so nennen wir es VorfertigTeil (VF). Das VF-Teil endlich erhält die Bezeichnung „Fertig", (F) wenn es werkstattmäßig keine Bearbeitung mehr erfährt und zum Zusammenbau verwendet werden kann. Diese Stufung ist in Abb. 3 schematisch dargestellt.

Nun gibt es in der Fertigungstechnik häufig Werkstücke, die unmittelbar durch ihre Erstformung einbaufähig werden. Dazu gehören alle jene Teile, die durch Stanzen, Pressen, Drehen u. dgl. eine Form erhalten, in der sie ohne jede weitere Bearbeitung die gewünschte Aufgabe im Erzeugnis erfüllen können. Sie erhalten in der Stufung also sofort nach der Erstformung den Endfertiggrad (F). Zum Hinweis auf die Art ihrer Entstehung kann man der Kurzbezeichnung F den entsprechenden Buchstaben hinzufügen, etwa FP-Teil wenn sie gepreßt, FA-Teil, wenn sie auf einem Drehautomaten hergestellt worden sind (sehr häufiger Fall).

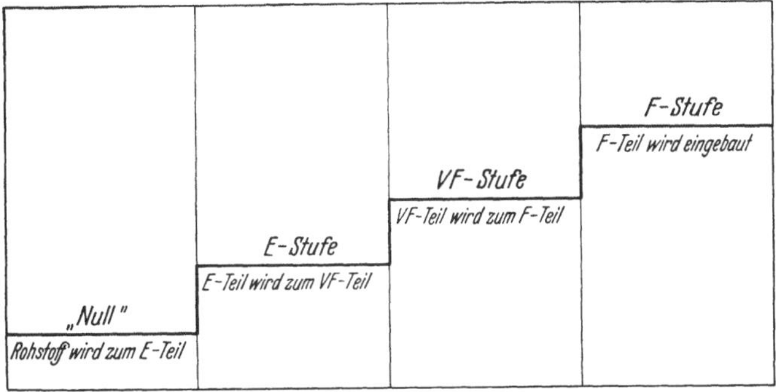

Abb. 3. Steigerung des Fertigungszustandes bei einem Erzeugnis-Bestandteil.

Unter F-Teilen versteht man aber nicht nur Einzelteile, die ihre werkstattmäßige Bearbeitung beendet haben. Zu ihnen gehören vor allen Dingen auch die sog. Teilgruppen. Das sind selbständige Bauelemente des Enderzeugnisses, die aus mehreren Einzelteilen bestehen und die vor ihrer eigentlichen Verwendung im Zusammenbau, schon in einer Fertigungswerkstatt „vormontiert" werden. Dies kann durch jedes denkbare Verfahren geschehen, durch Nieten, Punktschweißen, Zusammenstecken usw. Wesentlich ist, daß diese Arbeiten nicht innerhalb der eigentlichen Zusammenbauarbeiten des Erzeugnisses ausgeführt werden, so daß sie also im allgemeinen auch nicht in der Zusammenbau-Werkstätte stattfinden.

Eine Teilgruppe ist z. B. schon ein Rad, das mit einem Trieb zusammengenietet ist. Jedes dieser Teile macht seinen eigenen Werdegang durch. Das Rad habe die Teilnummer x, der Trieb die Teilnummer y. Das Rad erfährt seine Erstformung in der Stanzerei (Sx), der Trieb dagegen in der Automatendreherei (Ay). (Vgl. Abb. 4.)

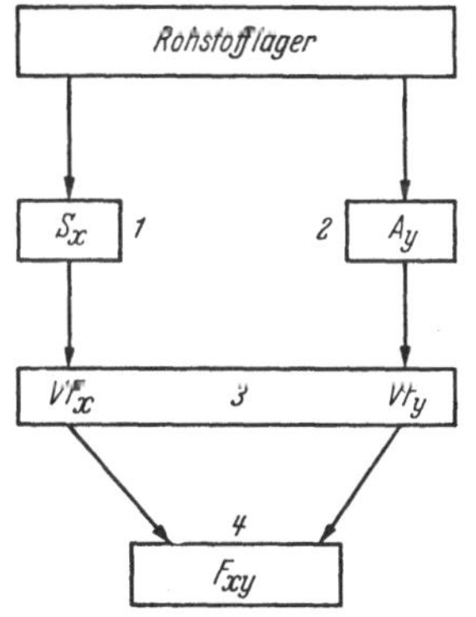

Abb. 4. Schematische Darstellung des Werdegangs einer aus zwei Einzelteilen (x und y) bestehenden Teilgruppe.

1 Stanzerei, *2* Automatendreherei, *3* Fräserei, *4* Vormontage.

Beide erhalten in Werkstatt 3 durch Einfräsen der Verzahnung den VF-Grad. In Werkstatt 4 werden die Teile aneinandergenietet, wodurch sie zur F-Gruppe werden. In diesem Zustand gelangen sie dann in den Zusammenbau, wo erst ihr endgültiger Einbau in das Erzeugnis erfolgt.

Die Einführung von Fertigungsgradbezeichnungen erleichtert die Organisation sehr erheblich und fördert die Übersicht über den Arbeitsfluß. Unumgänglich notwendig wird die Bezeichnung aber dann, wenn die Teile, wie im nächsten Abschnitt behandelt ist, in den einzelnen Stufen ihres Werdeganges zwischengelagert werden.

V. Das Fertigungslager.
1. Allgemeine Anforderungen.

Ein „Fließen" der Einzelteile eines Massenerzeugnisses durch die Fertigung kann nur stattfinden, wenn jeder Arbeitsplatz die gleiche Fertigungsmenge zu verarbeiten vermag wie der vorhergehende Arbeitsplatz. Es muß also $L_1 = L_2 = L_3 =$ usw. sein, wenn L die Mengenleistung der einzelnen Arbeitsgänge ist. Diese Übereinstimmung ist bei richtiger Berechnung der Maschinenzahl auch tatsächlich gewährleistet.

Die gleiche Forderung müßte nun auch an die Werkstätten insgesamt gestellt werden, d. h. es wäre zu fordern, daß jede Werkstatt genau so viele Einzelteile in der Zeiteinheit liefert, wie die nachfolgende verarbeiten kann, Diese Forderung läßt sich aber nur in wenigen Sonderfällen verwirklichen. Die Verhältnisse liegen dann aber meist auch so einfach, daß man auf ein Terminwesen im Sinne unsrer Betrachtungen ohnedies verzichten kann. Im allgemeinen wird also die Leistungsfähigkeit der verschiedenen Werkstätten nicht genau übereinstimmen, und es entstehen dann Anstauungen von Teilen, die auf ihre Weiterverarbeitung warten. Diese werden üblicherweise in einem Zwischenlager (Halbfertigteillager) aufgehoben, das zugleich auch dazu dient, Einzelteile, die dauernd in den Werkstätten verfügbar sein müssen, wie Schrauben, Niete und dgl., aufzunehmen. Es ist jedoch die Aufgabe des Zwischenlagers mit dieser Aufnahme zeitweilig nicht benötigter Teile noch keineswegs erschöpft. Vielmehr dient das Lager bei richtiger Ausgestaltung der betrieblichen Organisation zur Steuerung des gesamten Arbeitsablaufes, und es ist daher derjenige Punkt im Betrieb, bei dem das Terminwesen den Hebel ansetzt, um wirksam zu werden. Zu diesem Zweck sind zwei Bedingungen zu erfüllen:

1. Jedes laufend verarbeitete Teil ist in den einzelnen Fertigungsstufen durch das Lager zu leiten.

2. Alle Zu- und Abgänge müssen in einer besonderen Kartei verbucht werden, die dem Terminbüro als Unterlage für die Auftragserteilung und Terminsetzung zur Verfügung stehen muß.

Werden die Teile, gemäß Punkt 1, in jedem Fertigungsgrad gelagert, so entsteht folgendes Schema:

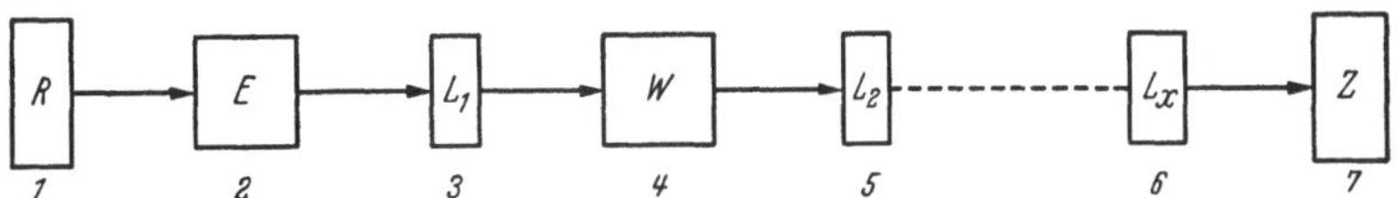

Abb. 5 Schematische Darstellung des Fertigungsflusses mit Unterbrechungen durch Zwischenlager. *1 R* Rohstoff. *2 E* Erstformung (Stanzteil, Gußteil, Preßteil, je nach Ausgangswerkstoff und Herstellungsverfahren). *3 L₁* 1. Zwischenlagerung als *E*-Teil. *4 W* Werkstattdurchlauf. *5 L₂* 2. Zwischenlagerung usw. *6 Lx* Letzte Einlagerung als *F*-Teil (*F*-Gruppe). *7 Z* Zusammenbau der Teile.

Wie oft ein Teil im Verlauf seines Werdegangs gelagert werden soll, ob in jeder Stufe, oder nach mehreren aufeinanderfolgenden, oder nur vor dem Zusammenbau, kann natürlich nicht allgemein entschieden werden. Vor allen Dingen sind die Abmessungen und die Mengen der zu lagernden Werkstücke ausschlaggebend, weil jede Lagerung Platz und Geld kostet. Man wird das Optimum zu suchen haben zwischer den Anforderungen des Betriebes und der Wirtschaftlichkeit. In diesem Zusammenhang sei auf den Abschnitt „Wirtschaftlichste Auftragsstückzahl" hingewiesen, wo gezeigt wird, wie man ein solches Optimum rechnerisch bestimmen kann.

Über die Einrichtung des Lagers, also die Ausstattung mit Lagerregalen, Fördermitteln usw. soll hier nicht gesprochen werden, denn diese Einzelheiten hängen sehr stark von der jeweiligen Eigenart des einzelnen Betriebes ab, insbesondere auch von der Art und dem Gewicht der zu lagernden Teile. Selbstverständlich muß in jedem Lager die Möglichkeit bestehen, die vereinnahmten und auszugebenden Mengen nach Stückzahl oder Gewicht genau zu erfassen. Für kleine Massenteile jeglicher Art finden „Zählwaagen" Verwendung, die auf $\pm 0,5\%$ genau arbeiten.

Wichtig ist dagegen die Frage nach der Wirtschaftlichkeit der Zwischenlagerung, denn es entstehen dadurch u. U. längere Transportwege und höhere Transportkosten, auch wird bei der Lagerung in allen Fertigungsgraden der Raumbedarf entsprechend größer, und schließlich ist der Zinsverlust durch das auf diese Weise festliegende Kapital nicht unbeträchtlich[1]. Diese Tatsachen sprechen zunächst gegen die Errichtung von Zwischenlagern. Doch läßt sich folgendes dazu bemerken:

a) Die Lagerungszeiten sind meistens nur kurz, so daß der Gewinn infolge des reibungsloseren Arbeitsablaufes für den Betrieb gewöhnlich förderlicher ist als die kleinen Zinsverluste, welche durch die verhältnismäßig kurzen Lagerzeiten bedingt sind.

---

[1] Näheres hierzu s. Dr. F. Henzel: „Lagerwirtschaft". Essen: W. Girardet, 1950.

b) Hinsichtlich der Raumbeanspruchung ist zu sagen, daß die von den Maschinen angelieferten Teile doch irgendwo abgestellt werden müssen, wenn nicht im Lager, dann in den Werkstätten, wo sie dann aber den sowieso meist zu engen Platz noch mehr versperren.

c) Teile, die während ihres Herstellungsganges in den einzelnen Fertigungsstufen eingelagert werden, lassen in sehr vielen Fällen die Verarbeitung zu mehreren verschiedenen Ausführungsformen zu. So können die Teile z. B. verschiedene Oberflächenbehandlung erfahren, wie Vernickeln, Verchromen usw. Ein schon verchromtes Teil kann aber nicht mehr ohne weiteres vernickelt werden. Werden nun aber die vernickelten Teile zunächst auf Lager genommen, so hat man viel eher die Möglichkeit, noch umzudisponieren, als wenn man sie gleich ganz fertig macht und dann erst einlagert. Die mehrfache Zwischenlagerung bewirkt also eine erheblich bessere Beweglichkeit des Fertigungsflusses.

Betrachtet man diese Punkte kritisch, so wird man die Errichtung von Zwischenlagern nicht mehr völlig ablehnen, selbst dann nicht, wenn zusätzliche Kosten dadurch verursacht werden. Überall da, wo lange oder mühsame Transportwege gegen zu viele Zwischenlagerungen sprechen, kann man sich dadurch helfen, daß man unmittelbar in jeder Werkstatt kleine Lagerräume abtrennt, wo die Teile bis zu ihrer Weiterverarbeitung bleiben. Bei kurzen Transportwegen, insbesondere bei geringen Transportgewichten, sollte man aber eher ein zentrales Zwischenlager vorsehen, dessen Verwaltung einfacher ist und das auch leichter unter Verschluß gehalten werden kann.

2. Organisatorische Gesichtspunkte.

Lagertechnisch unterscheidet man:

a) *Normalteile*, welche die Bestandteile des normalerweise in Massen hergestellten Erzeugnisses sind.

b) *Sonderteile*, welche auf Grund von Sonderwünschen der Kunden keine normale Ausführung erhalten. Sie werden nur von Fall zu Fall nach Maßgabe des Fertigungsprogrammes in der gewünschten Stückzahl hergestellt.

c) *Normteile*, das sind Teile, die nach DIN genormt sind. Sie können Normal- oder Sonderteile sein, je nachdem ein genormtes Teil laufend im Erzeugnis oder nur auf Wunsch eines Kunden zur Verwendung kommt.

Für die Überwachung ist es ferner wichtig, alle zur Lagerung gelangenden Teile mit Teilnummern zu versehen. Dies geschieht nach folgenden Gesichtspunkten:

a) Die Benummerung muß jedes Einzelteil des Erzeugnisses erfassen.

b) Die einmal erteilten Nummern bleiben in sämtlichen Fertigungsgraden gleich. Die Unterscheidung erfolgt allein durch die Kurzbezeichnungen.

c) Wird ein Erzeugnis in verschiedenen Größen oder Ausführungsformen hergestellt, so ist es empfehlenswert, alle gleichartigen (korrespondierenden) Teile mit derselben Nummer zu versehen. Stellt z.B. eine Firma fünf verschiedene Größen von Gleichstrommotoren her, so erhalten etwa die Gehäuse alle die Nummer 1, die Läufer die Nummer 2 usw. Die Größen selbst unterscheidet man durch Kurzzeichen (Buchstaben, römische Ziffern u.ä.) oder durch „Nummernkreise".

Diese Benummerung ist allerdings nur dann zweckmäßig, wenn die einzelnen Muster in ihrem Aufbau „ähnlich" sind, d.h. wenn sie in Konstruktion und Teilezahl nicht zu stark voneinander abweichen. So wird man beispielsweise in der Rundfunkindustrie, wo dieselbe Fabrik u.U. Erzeugnisse vom einfachsten Kleinempfänger bis zum teuersten und verwickeltsten Gerät herstellt, möglichst jedes Muster für sich durchnummern, um Verwechslungen zu vermeiden.

Die Gesamtbezeichnung eines Lagerteiles umfaßt also:

Teilnummer,

Bezeichnung des Fertigungsgrades,

Bezeichnung des Baumusters oder der Größe.

Für jegliche Planung im Auftrags- oder Terminwesen ist die genaue Kenntnis der Lagerbestände unerläßliche Voraussetzung. Die Vorrichtung, welche diese Kenntnis vermittelt, ist die *Lagerkartei*, und das Meßinstrument, an dem die Bestände abgelesen werden können, sind die Karteikarten. Es ist sehr wichtig, die Karteikarten richtig auszugestalten, so daß sie alle wissenswerten Angaben enthalten und doch auch übersichtlich sind und leicht auf dem Laufenden gehalten werden können. Die einschlägige Industrie stellt fertig ausgearbeitete Karten und ganze Karteien für zahlreiche Verwendungszwecke zur Verfügung, so daß dieses Organisationsmittel verhältnismäßig billig zu beschaffen ist. Sehr zu empfehlen sind die sog. Sichtkarteien, die infolge ihrer ganz bestimmten Anordnung ein besonderes rasches und bequemes Arbeiten gestatten.

Nun sind die handelsüblichen Karteikarten gewöhnlich nur als reine Lagerkarten ausgebildet, vermittelst deren Zu- und Abgänge, sowie die Ist-Bestände verzeichnet werden können. Für unsere Zwecke ist es jedoch nötig, daß die Karten zugleich auch für die Auftragserteilung und Terminsetzung verwendbar sind. Abb. 6 zeigt eine solche „Fertigungs- und Lagerkarte". Der linke Teil dient zur Eintragung der Fertigungs- oder Werkstattaufträge und ist in zwei Hauptspalten „Bestellung" und „Lieferung" unterteilt. Im rechten Teil der Karte werden die Zu- und

Abgänge des Lagerteils gebucht. Es ist somit nur dieser die eigentliche „Lagerkarte". Wie diese Karten zur Steuerung und Überwachung des Fertigungsablaufes verwendet werden, wird in Abschnitt VII noch eingehend geschildert.

Teilgruppe		Teil Nr.		Fertigungsgrad				Werkstatt
Baumuster		Benennung				Werkstoff		
Sicherheit	Bestellmenge	Bestell-Best.	Berichtigs.-Größe		gekoppelt mit		Bemerkung	
Bestellung				Lieferung		Aus-schuß	Lagerbewegungen				
Bestell-tag	Auftr.-Nr.	Stück	Termin	gut	Auf-rechng.	Stück	Datum	Auftr.-Nr.	Ein-gang	Ausgang	Bestand
										Über-trag	
Kartei Nr.		Karte Nr.								Übertrag	

Abb. 6. Karteikarte zur Überwachung des Lagerbestandes und der Liefertermine.

Über jedes Lagerteil wird eine eigene Karte geführt. Teile, die auch in den einzelnen Fertigungsgraden zwischengelagert werden, erhalten nochmals für jeden Grad ihrer Fertigung eine eigene Karte.

Die Einordnung der Karten läßt natürlich vielerlei Möglichkeiten zu. So etwa die Einordnung nach Fertigungsgraden, nach Baumustern oder Größen usw. Entscheidend sind allein die jeweiligen Belange des Betriebes und die Forderung, die man an die Übersicht der überwachten Gegenstände stellt. Denn es ist der Zweck der Karteiführung, die Möglichkeit zu schaffen, jederzeit einen genauen Überblick über die Lagerbestände und Werkstattaufträge, sowie deren Lieferfristen zu geben.

3. Theorie der Lagerbewegungen.

Unter Lagerbewegungen versteht man jede durch den Betrieb hervorgerufene Änderung im Lagerbestand eines Erzeugnisteiles. Die Entwicklung einer besonderen Theorie hierfür könnte vielleicht übertrieben erscheinen. Die Aufgabe soll jedoch nicht zu eng aufgefaßt werden, weil wir hierunter in der Hauptsache die eingehende Untersuchung der Vorgänge verstehen wollen, die bei der regelmäßigen Zuführung und Entnahme großer Massen von Teilen im Lager auftreten. Die Steuerung dieser Bewegung im Hinblick auf günstigstes Zusammenwirken aller bei der Fertigung beteiligter Stellen gibt Antwort auf die Frage nach dem „wann?" und „wieviel?" der innerwerklichen Aufträge. Das aber sind die gleichen Fragen, zu denen man auch im Terminwesen Stellung nehmen muß, so daß zugleich auch für letzteres wichtige Schlüsse gezogen werden können. Der Geltungsbereich erstreckt sich auf alle diejenigen Zweige der Massenfertigung, die innerhalb sehr langer Zeitabschnitte (Gruppe 1 und 2) ein bestimmtes Erzeugnis — oder mehrere verschiedene Erzeugnisse gleichzeitig — herstellen.

Wichtig ist die Tatsache, daß wir bei den folgenden Darstellungen immer nur ein *einziges*, beliebiges Lagerteil ins Auge fassen, dessen Bewegungen wir verfolgen. Dabei legen wir den Allgemeinfall zugrunde, daß dieses Teil auf seinem Werdegang dreimal eingelagert wird, nämlich als E-, VF- und F-Teil.

Stellt man die Lagerbewegungen eines solchen Teiles graphisch dar, so erkennt man zweierlei Bewegungsrichtungen: Eine zeitliche, in der Längsrichtung des Diagramms und eine mengenmäßige, in der Querrichtung, d.h. senkrecht zur Zeitachse verlaufende Bewegung (wenn man sich das Diagramm räumlich vorstellt).

A. Die Längsbewegung.

Wir tragen auf der Abszisse eines rechtwinkligen Achsenkreuzes die Zeit ab und auf der Ordinate die Höhen der Lagerbestände (Abb. 7).

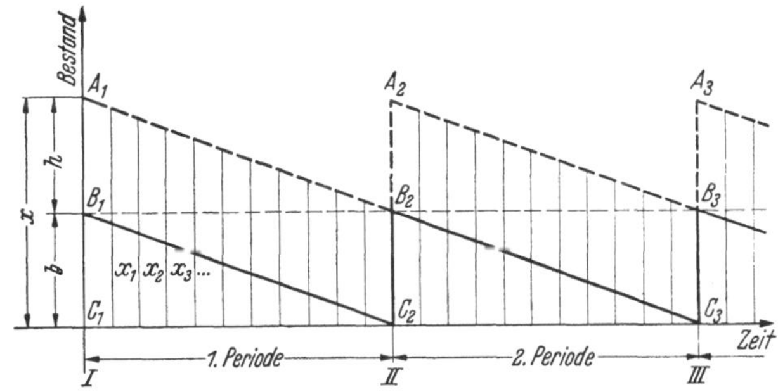

Abb. 7. Schaubild der Längsbewegung. Absaugung bis auf den Bestand „t".
——— Diagramm des greifbaren Lagerbestandes.
· · · · Diagramm des ideellen Lagerbestandes.

Die ausgezogene Linie stellt das Diagramm dar, welches sich ergibt, wenn man die durch Teileentnahme (Absaugung) und Neuzuführung entstehenden Schwankungen des Lagerbestandes in einer *beliebigen* Fertigungsstufe über mehrere Zeitabschnitte (Perioden) verfolgt. Wir machen dabei die vereinfachende Annahme, daß die Absaugung gradlinig, d. h. während des ganzen Zeitabschnittes gleichmäßig erfolgt. In Wirklichkeit erhielte man eine stufenförmig gebrochene Linie, weil man ja nicht dauernd Stück für Stück dem Lager entnimmt, sondern ein oder mehrmals einen größeren Posten.

Es verringert sich also der am Tag I im Lager befindliche Bestand von der Größe b während der ganzen 1. Periode bis er am Punkt C_2 Null geworden ist. Unterdessen wurden in der Werkstatt neue Teile für die fragliche Stufe angefertigt, die an einem bestimmten Tag ins Lager eingeliefert werden müssen. Nun wissen wir aber, daß jede Werkstatt in der Lage ist, in der Zeiteinheit so viele Teile herzustellen, wie in der übrigen Fertigung oder im Zusammenbau in der gleichen Zeit verbraucht werden (vgl. Abschnitt III „Berechnung der Maschinenzahl"). Ein bei I bestellter Auftrag, der so bemessen ist, daß er den Bedarf für den gegebenen Zeitabschnitt deckt, wird also dann von der Werkstatt ins Lager abgeliefert werden, wenn der Bestand b aufgebraucht ist. Damit für den folgenden Zeitabschnitt der Bedarf gesichert ist, muß ein neuer Auftrag von der Höhe h dann bestellt werden, wenn $b = 0$ geworden ist. Theoretisch ist im selben Augenblick auch der Auftrag I eingeliefert, so daß dauernd ein Bestand vorhanden ist. Der *ideelle* Gesamtbestand an greifbaren (d. h. im Lager befindlichen) und bestellten Teilen ist in der Abbildung durch die gestrichelte Linie dargestellt. Er hat einen Wert

$$X = b + h\,,$$

der sich gemäß der Absaugung stetig verkleinert, bis er an den Punkten $B_1\,B_2\,B_3$ usw. jeweils nur noch den Wert b hat. Man nennt den durch diese Punkte bezeichneten Lagerbestand (b) „die Bestellgrenze" (Bestellbestand), weil hier eine neue Bestellung fällig ist.

Betrachtet man das folgende Diagramm (Abb. 8), so erkennt man, daß dort im wesentlichen der gleiche Vorgang aufgezeichnet ist wie in Abb. 7. Der Unterschied besteht nur darin, daß jetzt die Bewegungen nicht mehr zwischen Null und dem Höchstbestand pendeln, sondern sich über einer Linie abspielen, die im Abstand s parallel zur Abszisse verläuft. Die Absaugung bis auf den Null-Bestand wäre aus Gründen verbilligter Lagerhaltung durchaus zu befürworten. Doch läßt sich das in der Praxis nicht durchführen, weil die geringfügigste Betriebsstörung, welche die Auslieferung eines Auftrages verzögert, auch alle nachfolgenden Stellen, die auf die betreffenden Teile angewiesen sind, am Weiterarbeiten verhindert. Der Ausfall einer Maschine an einer beliebigen Stelle des Fertigungsflusses würde also eine Stockung in allen nachfolgenden Arbeitsgängen, womöglich bis in den Zusammenbau, zur Folge haben.

Um dem zu begegnen, läßt man gerne in jeder Stufe eine bestimmte Anzahl Teile, den sog. Sicherheitsbestand, auf Lager liegen. Seine Höhe kann nicht allgemeingültig festgelegt werden, da die jeweiligen besonderen Umstände in einem Betrieb maßgebend sind, aber man wird ihn naturgemäß möglichst gleich einer normalen Auftragshöhe setzen, so daß er jederzeit an deren Stelle einspringen kann. In diesem Fall wird dann $h = s$, wenn $s =$ Höhe des Sicherheitsbestandes (Abb. 8). Allerdings muß man sich darüber klar sein, daß sich dann auch die Höhe des im Lager festliegenden Kapitals verdoppelt, das entsprechend zu verzinsen ist.

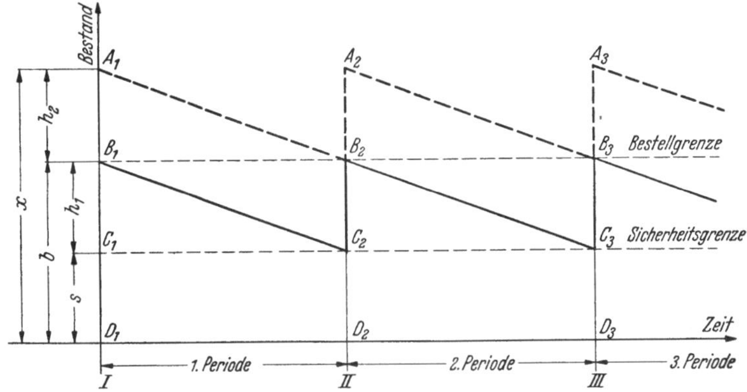

Abb. 8. Schaubild der Längsbewegung. Absaugung bis auf den Sicherheitsbestand „s“. *s* Sicherheitsbestand, *b* greifbarer Bestand, *X* ideeller Gesamtbestand, h_1 zur Absaugung verfügbarer Bestand (eingelieferter Auftrag), h_2 bestellter Auftrag.

Wir sehen, daß jetzt die Bestellgrenze wiederum an den Punkten $B_1 B_2$ usw. liegt, so daß hier die neuen Aufträge von der Höhe h_2 erteilt werden müssen. Der ideelle Gesamtbestand AD hat nunmehr den Wert $X = b + h_2$. Der greifbare Bestand b, welcher der Fertigung zur Verfügung steht — also abzüglich der Sicherheitsmenge — ist $h_1 = b - s$ (Strecke BC). Die Linie der wirklichen Bewegung (ausgezogene Linie) sinkt im Gegensatz zu derjenigen in Abb. 7 nun aber nicht mehr bis auf Null, sondern nur bis auf den Wert s (Punkt C), den er am Ende jeder Periode annimmt. Die Größe h_1 ist hier die Anzahl Teile, die der vorhergehende Auftrag ins Lager gebracht hat. Daher ist $h_1 = h_2$ und wenn die Sicherheitsmenge gleich einer Auftragshöhe festgesetzt wurde:

$$h_1 = h_2 = s \, .$$

B. Die Querbewegung.

Unter Querbewegung versteht man die Lagerbewegung, die sich durch die Bestandsänderung innerhalb der Fertigungsstufen ergibt. Wenn nämlich an den Punkten $B_1 B_2$ usw. (Abb. 7 und 8) eines F-Teils der Bestellbestand erreicht ist, so wird durch die Neubestellung eine Lagerbewegung ausgelöst, die sich durch alle Stufen rückwärts fortsetzt. Sie hat — wenigstens theoretisch — keine zeitliche Ausdehnung (Abb. 9).

Die Abbildung stellt sozusagen den Querschnitt durch die drei Stufen F, VF, E dar, den man erhält, wenn man das Diagramm der Längsbewegung nach Abb. 7 an einer der Geraden AC durchschneidet. Die Senkrechten AC bedeuten die Lagerbestände des Teiles in den drei Fertigungsstufen.

Die Punkte sind mit den gleichen Buchstaben bezeichnet wie in Abb. 7. X ist der ideelle Gesamtbestand, der sich — zunächst nur beim F-Teil — nach und nach verringert (Strecke $A_F C_F$). Ist bei B_F die Bestellgrenze erreicht, so wird zur

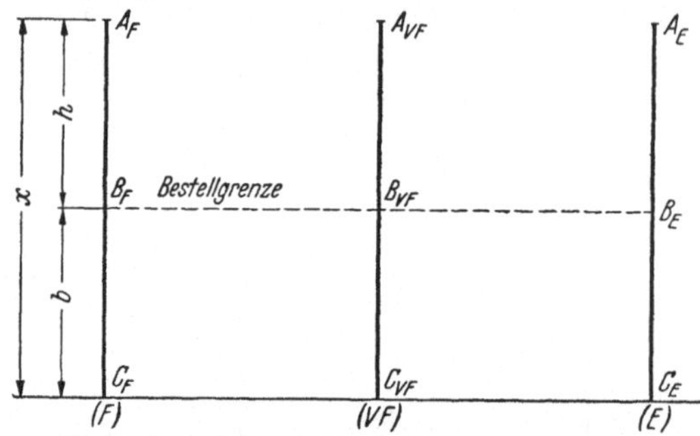

Abb. 9. Querschnitt durch die Lagerbestände der drei Fertigungsstufen. (Schematisch.)

Stellt man die Gesamtheit der Lagerbewegungen als Raumdiagramm dar, so verläuft die Bewegung der Bestandsänderung innerhalb der Fertigungsstufen senkrecht zur Längsbewegung. Die Abb. stellt den Zustand der Lagerbestände dar, wenn man die Längsbewegung des F-Teils nach Abb. 7 an einer der Geraden AC schneidet.

Ergänzung des F-Bestandes ein Auftrag h erteilt. Die hierzu benötigten VF-Teile (Strecke $B_{BF} C_{VF}$) werden dem Lager entnommen und der Werkstatt zugeführt. Dadurch ist aber auch der VF-Bestand auf die Höhe b gesunken (Punkt B_{VF}) und muß seinerseits ergänzt werden. Also wird die zweitnächste Werkstatt beauftragt, durch Bearbeitung der entsprechenden Menge E-Teile den VF-Bestand auf die ursprüngliche Höhe zu ergänzen. Naturgemäß wiederholt sich derselbe Vorgang auch in der E-Stufe. Der Bestellbestand ist bei Punkt B_E erreicht, das Rohstofflager wird zur Ergänzung des E-Bestandes herangezogen.

Theoretisch müßten die Bestellgrenzen, wie es die Abbildung zeigt, alle am gleichen Tag erreicht sein, d. h. die Neubestellung müßte für sämtliche Stufen gleichzeitig erfolgen. In Wirklichkeit ergibt sich fast immer eine gewisse Nacheilung im Erreichen der Punkte B, da ja auch die Lagerbestände AC praktisch niemals denselben Wert X haben. Letzteres hängt mit der Unregelmäßigkeit der Werkstattlieferungen zusammen, die durch Verzögerung der Lieferfristen entstehen kann (teilweise Auslieferung eines Auftrages) oder durch stark schwankenden Ausschuß, Teileverlust beim Transport, Teileentnahme für Versuchszwecke u. a. m. Doch dürfte diese Abweichung von der Praxis die Gültigkeit des theoretischen Gedankenganges nicht beeinträchtigen. Denn die Aufgabe der Darstellung liegt ja vor allen Dingen darin, zu zeigen, wie sich der Ablauf der Lagerbewegungen auswirkt, so daß daraus Folgerungen für die praktische Anwendung gezogen werden können.

4. Wirtschaftlichste Auftragsstückzahl.

Im vorigen Absatz wurden die Lagerbewegungen ihrem zeitlichen und mengenmäßigen Verlauf nach untersucht. Dabei blieb jedoch die Frage unerörtert, in welcher *Höhe* die einzelnen Bestellungen jeweils ausfallen. Die Beantwortung dieser Frage bildet die Brücke zur praktischen Verwendung der theoretischen Betrachtungen, da von ihr zugleich die *Dauer* der Perioden abhängt.

Die beiden maßgebenden Pole jedes industriellen Unternehmens — Betriebsleitung und Geschäftsleitung — sind über die Bemessung der Werkstattaufträge meistens entgegengesetzter Anschauung. Die Betriebsleitung fordert gewöhnlich möglichst hohe Stückzahlen je Auftrag, um die einmaligen Kosten niedrig zu halten, die kaufmännische Leitung wünscht dagegen mehrere kleine Aufträge, um das im Fertigungslager festliegende tote Kapital nicht unnötig zu steigern. Beiden Erwägungen kann man ohne große Mühe gerecht werden, wenn man die wirtschaftlichste Auftragshöhe auf *rechnerischem Wege* bestimmt, anstatt gefühlsmäßig mit den verschiedensten Möglichkeiten Versuche zu veranstalten.

Um die bei diesem Problem auftauchenden Fragen schärfer zu beleuchten, ist es zunächst notwendig, alle Punkte aufzuführen, die auf die Bemessung der Aufträge in betriebs*technischer* und betriebs*wirtschaftlicher* Hinsicht einen Einfluß haben.

Es stehen einander gegenüber:

a) Betriebstechnische Erwägungen.

Das Rüsten der Maschine und des Arbeitsplatzes mit dem damit verbundenen Probelauf und Werkstückausschuß ergibt einen Kostensatz, der, bezogen auf ein Stück um so niedriger wird, je mehr Werkstücke man im gleichen Auftrag anfertigt. Außerdem lassen sich „Akkordverluste" durch hohe Aufträge weitgehend vermeiden.

b) Betriebswirtschaftliche Erwägungen.

Die mit hohen Aufträgen verbundene Vermehrung der Lagerbestände lassen die Zinsen für das dort festliegende Kapital, sowie die Raum-, Verwaltungs- und Versicherungskosten erheblich ansteigen.

Die Auftragshöhe muß nun so bestimmt werden, daß die Summe der in a) und b) enthaltenen Geldbeträge, bezogen auf das Einzelstück, ein Minimum wird.

Formeln zur Lösung dieser Aufgabe finden sich im einschlägigen Schrifttum an verschiedenen Stellen[1]. Es ist vorwiegend von mathematischem Interesse, eine solche Formel vollständig zu entwickeln, so daß es genügt, wenn wir uns hier allein mit dem Ergebnis befassen.

---

[1] Vgl. Schrifttumverzeichnis am Schluß des Buches.

Knecht, Terminwesen und Lagerhaltung. 2. Aufl.   3

ANDLER[1], dem wir hier zeitweilig folgen, gibt nachstehende Formel zur „Bestimmung der optimalen Serienstückzahl":

$$x = \sqrt{\frac{(200-p)\,E}{p \cdot m \cdot S}}\;.$$

Darin bedeutet

x das Vielfache der Menge, welche die betreffende Werkstatt *monatlich* an dem untersuchten Lagerteil benötigt;

E die bei jedem Fertigungsauftrag einmalig entstehenden Kosten (Punkt a der Gegenüberstellung);

p Monatszinssatz der lagernden Mengen, das ist $1/_{12}$ des Jahreszinssatzes, in dem die prozentualen Unkosten für Lagerverwaltung, Versicherung usw. enthalten sein sollen. (Punkt b der Gegenüberstellung);

m der Monatsbedarf, d.h. die Anzahl Teile, die monatlich zur Deckung des laufenden Bedarfes hergestellt werden müssen;

S die Herstellungskosten für ein Werkstück in DM. In S sind die Werkstoff-Lohn- und Gemeinkosten enthalten.

Diese Größen lassen sich ohne weiteres aus den in jedem Unternehmen vorliegenden Kalkulationsunterlagen bestimmen. Dem Monatszinssatz p kann man unter normalen Verhältnissen den doppelten Landeszinsfuß zugrunde legen, um den Aufwand an Verwaltungs-, Lagerraum- und Versicherungskosten einzuschließen.

Zur Anwendung der Formel ist folgendes zu sagen:

Die wirtschaftlichste Auftragshöhe wird, wie oben schon erwähnt, nicht unmittelbar durch x berechnet, sondern auf dem Umweg über den Monatsbedarf m. Die Auftragshöhe selbst ist also

$$h = x \cdot m\;. \tag{1}$$

Wie ANDLER[2] nachweist, braucht der auf diese Weise bestimmte Bestwert der Auftragshöhe nicht auf das Stück genau eingehalten zu werden. Wenn man nämlich die Gesamtkosten in Abhängigkeit von x als Kurve darstellt, so sieht man, daß das Minimum der Kurve sehr flach verläuft. Infolgedessen ergibt die Überschreitung des theoretischen Bestwertes um etwa 7 vH. und die Unterschreitung bis etwa 5 vH. (wegen des unsymmetrischen Ansteigens der beiden Äste links und rechts vom Minimum) eine praktisch noch kaum erfaßbare Abweichung vom Kostenminimum. Für den Gebrauch der Formel im Betrieb ist diese Tatsache sehr wichtig. Denn sie entbindet von der Notwendigkeit, für jedes Lagerteil eine besondere Auftragshöhe festzusetzen. Wäre dies nicht der Fall,

---

[1] Dr. Ing. ANDLER: Rationalisierung der Fabrikation und optimale Losgröße. München: Oldenbourg, 1929. Die wirtschaftliche Auftragsmenge für Fertigung und Lager. Industrieblatt Nr. 4/5 Stuttgart 1951.

[2] Rationalisierung der Fabrikation S. 58ff.

so würde die Auftragserteilung ungeheuer erschwert werden. So aber genügt es, wenn man sämtliche in Frage kommenden Lagerteile einmal auf wirtschaftlichste Auftragshöhe untersucht und die sich ergebenden Stückzahlen als Richtwerte betrachtet. Die Zahlen zwischen den beiden Extremwerten faßt man am besten zu einigen Gruppen zusammen, die dann für alle Teile brauchbar sind.

Infolge dieser Toleranz empfiehlt ANDLER die Näherungslösung für den Wert x

$$x = \sqrt{\frac{200 \cdot E}{p \cdot m \cdot S}} \, . \tag{2}$$

Es ist nun naheliegend, h unmittelbar durch eine Gleichung auszudrücken, in welcher der Monatsbedarf m durch die uns geläufigen Größen aus dem II. Abschnitt ersetzt ist. Unter Hinweis auf die dort gegebenen Begriffsbestimmungen betrachten wir m als ein Vielfaches der stündlichen Liefermenge z und setzen

$$m = 4{,}2 \cdot z \cdot w \, ,$$

wo $w =$ Anzahl der wöchentlichen Arbeitsstunden

4,2 = Umrechnungsfaktor von Wochen- in Monatsstunden bedeutet.

Die wirtschaftlichste Auftragsstückzahl war

$$h = x \cdot m = m \cdot \sqrt{\frac{200 \cdot E}{p \cdot m \cdot S}} \, .$$

Mit $m = 42, \cdot z \cdot w$ ist

$$h = 4{,}2 \cdot z \cdot w \cdot \sqrt{\frac{200 \cdot E}{p \cdot 4{,}2 \cdot z \cdot w \cdot S}}$$

oder

$$h = 29 \cdot \sqrt{\frac{E \cdot z \cdot w}{p \cdot S}} \, . \tag{3}$$

Für den — allerdings recht häufigen — Sonderfall einer Arbeitszeit von 48 Stunden in der Woche wird

$$m = 4{,}2 \cdot 48 \cdot z = 201{,}6 \cdot z \, ,$$

wofür man mit genügender Genauigkeit setzen kann

$$m = 200 \cdot z \, .$$

Dann ist

$$h = 200 \cdot z \sqrt{\frac{200 \cdot E}{p \cdot 200 \cdot z \cdot S}}$$

oder

$$h = 200 \cdot \sqrt{\frac{E \cdot z}{p \cdot S}} \, . \tag{4}$$

Die Gl. (3) und (4) finden in der ununterbrochenen Massenfertigung Anwendung.

Bei wechselnder Massenfertigung liegt der Fall meistens, so, daß das Werk einmalige Kundenaufträge innerhalb bestimmter Lieferfristen auszuführen hat. Die Größen z und w sind also hier meist nicht mehr brauchbar. Doch ist die ununterbrochene Abwicklung eines Kundenauftrages nicht immer vorteilhaft. Es ist vielmehr nachzuprüfen, ob es nicht wirtschaftlicher ist, wenn er in mehreren Teilaufträgen an die Werkstätte vergeben wird. Die günstigste Höhe berechnet man dann unmittelbar durch Zusammenfassen von Gl. (1) und (2):

$$h = \sqrt{\frac{200 \cdot m \cdot E}{p \cdot S}} \; . \tag{5}$$

Der Monatsbedarf errechnet sich hierin aus der Höhe H des Kundenauftrages geteilt durch die Anzahl Monate i_K, die als Lieferfrist vom Kunden gefordert ist. Es ist also $m = \dfrac{H}{i_K}$.

Es ist nun zweckmäßig, wenn die Berechnung der wirtschaftlichsten Auftragshöhe, durch Anwendung eines entsprechenden Hilfsmittels erleichtert wird. Die Firma Koch & Kienzle hat zu diesem Zweck ein sehr übersichtliches Diagramm ausgearbeitet, in welchem die wirtschaftlichste Auftragsstückzahl unter den verschiedensten Bedingungen von p, E und S ohne weiteres abgegriffen werden kann. Die Formel, die dem Diagramm zugrunde liegt, entspricht der ANDLERschen Näherungslösung (Gl. (2).

Ein Beispiel für die Berechnung der Auftragshöhe nach obigen Gesichtspunkten bei wechselnder Massenfertigung ist nachstehend aufgeführt.

Beispiel. Eine Firma ist mit Herstellung von 80000 Drehteilen bestimmter Art und Abmessung beauftragt, die innerhalb von 6 Monaten abgeliefert sein müssen.

Es betragen:

$$\begin{aligned}
&\text{Die einmaligen Kosten je Auftrag} \ . \ . \ &E &= 30,00\ \text{DM}\\
&\text{der doppelte Monatszinssatz} \ . \ . \ . \ . \ &p &= 1\ \text{vH.}\\
&\text{die Fertigungskosten je Werkstück} \ . \ &S &= 1,10\ \text{DM}\\
&\text{der Monatsbedarf} \ . \ . \ . \ . \ . \ . \ . \ . \ &m &= \frac{80000}{6} = 13300\ \text{Stck.}
\end{aligned}$$

Da die Arbeiten in der Hauptsache auf der Revolverbank vorgenommen werden, so wäre es naheliegend zur Ersparnis an Rüstkosten den ganzen Kundenauftrag ohne Unterbrechung zu erledigen. Die Berechnung ergibt jedoch etwas gänzlich anderes. Es ist mit obenstehenden Angaben

$$h = \sqrt{\frac{200 \cdot 13300 \cdot 30}{1,0 \cdot 1,1}} = 8520\ \text{Stck.}$$

Unter Berücksichtigung eines geringen Ausschußzuschlages kann h auf 9000 Stck. aufgerundet werden. Die Gesamtzahl von 80 000 Drehteilen wäre also in $\frac{80\,000}{9000} = $ rd. 9 Einzelaufträgen an die Werkstatt zu vergeben. Sollte man wegen der Verneunfachung der Rüstkosten $(9 \cdot 30,0 = 270,0 \text{ DM})$ an der Richtigkeit des Verfahrens zweifeln, so prüfe man nach, welche zu verzinsenden Kapitalsmengen andererseits festliegen würden, wenn man den Werkstoff oder das fertige Erzeugnis nahezu ein halbes Jahr einlagern wollte[1].

Die Unterteilung des Kundenauftrages bietet aber auch der Maschinenausnutzung einen bedeutenden Vorteil. Denn die betreffende Revolverbank kann nun während der Herstellungszeit der 80 000 Drehteile bedenkenlos auch mit anderen Aufträgen belegt werden, was man wegen der ziemlich hohen Umstellungskosten ohne *Berechnung* wohl kaum veranlassen würde.

VI. Terminberechnung.

1. Begriffsabgrenzung.

Soll in eine bereits vorhandene Betriebsorganisation die Terminordnung neu eingegliedert werden, so ist es nicht immer möglich, überall von Grund an aufzubauen. Ja oftmals ist es auch gar nicht erwünscht. Bestehendes soll nach Möglichkeit in den neuen Plan mit einbezogen werden, um krasse Übergänge zu vermeiden. Erfahrungsgemäß stößt die Einführung des Terminwesens zunächst bei den betroffenen Stellen auf Ablehnung. Die Meister, die gewöhnlich viele Jahre lang ihre Werkstätte mit Erfolg geführt haben, sehen sich anscheinend ganz unnötigerweise in ihrer Selbständigkeit beeinträchtigt und an ein Netz von Tafeln, Kärtchen und bunten Streifen gebunden, deren Nutzen ihnen keineswegs besonders groß erscheint. Die Erfahrung lehrt jedoch, daß nach einer Zeit der Umgewöhnung das neue Verfahren als nützlich anerkannt wird, zumal es einen großen Teil der Verantwortung für den reibungslosen Verlauf der Fertigung von ihren Schultern nimmt und überall dort Ordnung

---

[1] In dem Buch „Lagerwirtschaft" von Prof. Dr. HENZEL (Essen: Giradet, 1950) ist das vorliegende Beispiel übernommen und fortgeführt worden. HENZEL kommt zu dem Ergebnis: Bei 9 Serien zu 9000 Stück betragen die Einrichtekosten 270,— DM und die Zinskosten 297,— DM, zusammen 567,— DM.

Bei einer Serie von 81 000 Stück betragen die Einrichtekosten 30,— DM und die Zinskosten 2670,— DM, zusammen 2700,— DM. Die Aufteilung in neun Serien ist also kostenmäßig erheblich günstiger, vorausgesetzt allerdings, daß jede Serie sofort nach Fertigstellung an den Kunden abgeliefert und von diesem auch bezahlt wird, während im 2. Fall die Bezahlung erst nach Beendigung des Gesamtauftrages erfolgt. Vereinbarungen nach Fall 2 sind zwar recht ungeschickt, werden aber doch in der Praxis häufig getroffen, weil man sich über den Zusammenhang zwischen Auftragshöhe und Zinsverlust nicht recht klar ist.

schafft, wo bisher der Mangel an Übersicht das folgerichtige Arbeiten verhinderte.

Das Terminwesen umfaßt zwei getrennte Aufgabenkreise: einerseits die *Festsetzung* und andererseits die *Verfolgung* der für den Arbeitsablauf notwendigen Fristen. Die damit zusammenhängenden rechnerischen und organisatorischen Aufgaben werden in den folgenden Abschnitten behandelt.

Unter Terminbestimmung versteht man die vorausschauende Festsetzung des Tages, an dem die Fertigung eines Werkstattauftrages beendet sein muß. Ein Termin kann durch Schätzen der zur Herstellung notwendigen Zeit oder auf rechnerischem Wege bestimmt werden. Das Verfahren des Schätzens ist nur in ganz wenigen Fällen für die Einzelanfertigung eines Gegenstandes zulässig und nur in kleinen Betrieben, wo über den Umfang der laufenden Arbeiten keine Zweifel bestehen. Für die Massenfertigung kommt nur die Termin-*Berechnung* in Frage, also die Terminfestsetzung auf rechnerischem Wege. Dabei sind zwei Bedingungen zu erfüllen:

a) Der Zeitpunkt muß so liegen, daß die Frist lang genug ist, um alle vorgeschriebenen Arbeiten ordnungsgemäß auszuführen.

b) Der jeweilige Belastungsgrad der Werkstatt, d. h. die Summe aller übrigen, gleichzeitig in der Werkstatt zu erledigenden Aufträge, ist hinsichtlich der beanspruchten Zeit mit in der Rechnung zu berücksichtigen.

Von diesen Bedingungen bereitet die letztere natürlich die meisten Schwierigkeiten. Um ihnen gerecht zu werden, gibt es nun verschiedene Verfahren, die im folgenden beschrieben sind.

2. Die einzelnen Berechnungsverfahren.

A. Terminberechnung auf Grund der Fertigungszeiten.

Anwendungsgebiet: wechselnde und ununterbrochene
Massenfertigung.

Die klarste und eindeutigste Art einen Termin nach obigen Gesichtspunkten zu bestimmen, ist die zeichnerische Veranschaulichung der Herstellungszeit als Strecke, die man über einer Gradteilung aufzeichnet (Abb. 10).

Die Tageslänge auf der Zeitskala (mm) richtet sich nach der täglichen Arbeitsstundenzahl. In Abb. 10 ist eine solche von 9 Stunden während 5 Wochentagen und 5 Stunden am 6. Tag angenommen. Bei einem Maßstab von 1 : 1, d. h. eine Stunde = 1 mm, beträgt die graphische Länge eines Tages 9, bzw. 5 mm. Ist die Herstellungszeit für den Auftrag in Stunden bekannt, so läßt sich der Termin durch Abtragen einer ent-

sprechenden Strecke ohne Mühe angeben. Als Anfangspunkt der Strecke
gilt dabei der Tag, an dem die Arbeit aufgenommen wird. (In Abb 10
der 3. des Monats). Als Liefertermin ergibt sich im frühesten Fall der 11.
Die arbeitsfreien Tage sind auf der Skala ausgelassen. weil man sonst
die Strecken unterbrechen müßte.

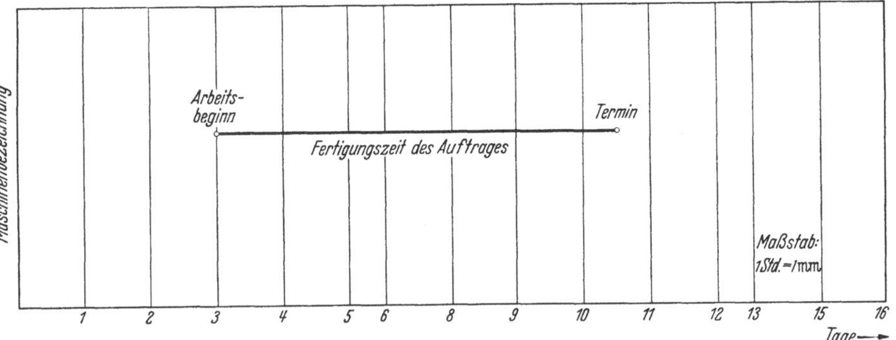

Abb. 10. Darstellung der Fertigungszeit eines Werkstattauftrages und Terminsetzung auf Grund
der Streckenlänge.

Auf diese Weise ist es leicht möglich, weitere Aufträge, die ihrem Umfang und der zur Erledigung notwendigen Zeit nach bekannt sind, an die
zuerst gezeichnete Strecke anzufügen. Geht man noch einen Schritt
weiter und trägt auf dem äußeren Rand eines genügend großen Papier-
bogens die Bezeichnungen sämtlicher in der Werkstatt vorhandenen
Maschinen auf, so ergibt sich die Möglichkeit, den Maschinenpark im
voraus mit den einzelnen Aufträgen zu belegen. Dieser „Belegungsplan"
ist ein wichtiges Hilfsmittel bei der Termingestaltung. In der Massenfertigung hat man dabei den Vorteil, daß die Maschinen meistens nur
für eine begrenzte Anzahl von Arbeitsverrichtungen Verwendung finden,
weil die Spezialisierung auf bestimmte Arbeitsgänge oder Werkstücke
viel weitgehender durchgeführt ist als in der Einzelfertigung.

Belegungspläne finden vorwiegend in solchen Werkstätten Anwendung, in denen zahlreiche Aufträge mit hohen Stückzahlen zu fertigen
sind, so daß die Einhaltung einer gewissen Reihenfolge bei der Auftrags-
erledigung, sowie die Verwendung bestimmter Maschinen unumgänglich
nötig wird. Ferner leisten sie für die Regelung des Fertigungsflusses an
„engen Stellen" wertvolle Dienste. Unter engen Stellen versteht man
solche Fertigungsmittel — sehr oft sind es Sondermaschinen —, die
infolge ihres teuren Betriebes oder hohen Anschaffungspreises einen hohen
Belastungsgrad haben, so daß sie den reibungslosen Arbeitsablauf u. U.
beeinträchtigen können [1]

---

[1] Vgl. hierzu: V. KNECHT: Die Kapazitätsbestimmung in der Massenfertigung.
Girardet Industrie-Anzeiger 1951, Nr. 65.

Bei der praktischen Anwendung solcher Belegungspläne verläßt man aber meistens das zeichnerische Verfahren und geht zur Belegung einer *Termintafel* über. An Stelle von Bleistift und Zirkel tritt der Papierstreifen und die Schere. Ansicht und Querschnitt einer Termintafel zeigt Abb. 11.

Sie besteht aus einer Holztafel, über deren Länge Leisten aufgeleimt sind, deren Höhe etwa 25 mm und deren Stärke etwa 3—4 mm beträgt. Die Leisten überdecken sich dachziegelartig, so daß dahinter Papierstreifen gesteckt werden können, welche dann noch ungefähr 15 mm herausragen. Länge und Breite der Tafel richten sich immer nach dem

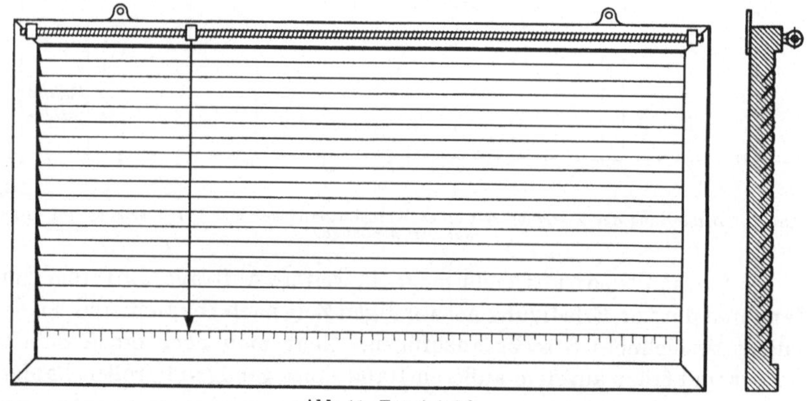

Abb. 11. Termintafel.

Verwendungszweck, also nach der Anzahl der zu belegenden Maschinen, sowie nach der Dauer der Vorausbelegung. An der oberen Stirnseite ist eine dünne Eisenstange angebracht, auf der eine Muffe leicht verschiebbar sitzt. Die Muffe hält einen Senkel, mit dessen Hilfe die Einteilung auf der Skala gut abgelesen werden kann. Rechts und links wird ein Pappstreifen befestigt, auf den man Nummer oder Bezeichnung der zu belegenden Maschinen schreibt.

Die Belegung einer solchen Tafel hat gegenüber dem zeichnerischen Verfahren den Vorteil größerer Beweglichkeit und besserer Übersicht. Die einzelnen Fertigungszeiten werden in Millimeter Länge von den Streifen abgeschnitten und in die Fächer gesteckt, wo sie sich nach Belieben verschieben und vertauschen lassen. Verschiedene Muster, Teile oder Arbeitsgänge können durch verschiedene Farben gekennzeichnet werden.

Die Ausarbeitung einer Termintafel zeigt das nächste Beispiel, an Hand dessen ein Ausschnitt aus der Belegung einer größeren Fertigungswerkstatt durchgerechnet ist.

Beispiel. Die Werkstatt ist beauftragt, 460 000 Stck. der in Abb. 12 gezeichneten Aluminium-Gußteile zu bearbeiten. Der Auftrag muß innerhalb zwölf Monaten ausgeführt sein. Das Gußstück wird in zwei Größen A und B hergestellt, wobei Größe A mit 60 vH. und Größe B mit 40 vH. an der Gesamtmenge beteiligt ist. Die Werkstücke durchlaufen die in Zahlentafel 1 verzeichneten Arbeitsgänge, für welche ein Maschinen-Belegungsplan auszuarbeiten ist.

Zahlentafel 1. *Arbeitsplan.*

1	2	3	4	5	
Arbeits-gang Nr.	Arbeitsgang-bezeichnung	Art der verw. Maschine	Kurz-zeich.	Mengenleistg. 1 Maschine	
				Gr. A	Gr. B
4	Außenseite vordrehen	Drehautomat	SDA	500	500
5	Innenseite vordrehen	,,	,,	500	500
6	Außenseite fertigdrehen	,,	,,	435	435
7	Innenseite fertigdrehen	,,	,,	435	435
8	1. Fräsung . .	Fräsautomat	SFA	122	122
9	2. ,, . .	,,	,,	122	122
10	1. Bohrung . .	Mehrspindel-	MBM	250	230
11	2. ,, . .	Bohrmaschine	,,	250	230
12	1. Senkung . .	Senkautomat	SSA	270	245
13	2. Senkung . .	,,	,,	270	245
14	Gewindeschneid.	Drehbank	DK	190	190

Der Arbeitsplan ist nur für die mechanische Bearbeitung des Gußstückes aufgestellt. Die Arbeitsgänge 1—3 finden in der Gießerei statt und berühren daher nicht unsere Aufgabe. In Spalte 5 ist an Stelle der Stückzeit die Mengenleistung je einer Maschine angegeben, weil nur diese für den Terminplan wissenswert ist. Die Mengenleistung wird dabei nach der Formel bestimmt $L = \dfrac{1000}{t}$, wobei t die Vorgabezeit für 1000 Werkstücke in Std. bedeutet.

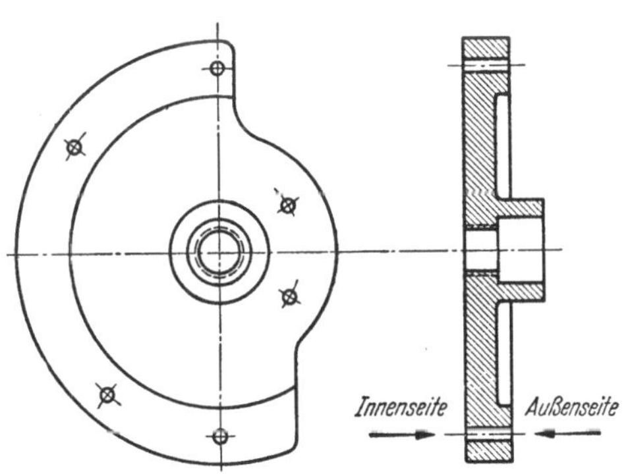

Abb. 12. Werkstück-Skizze.

Für die Maschinenbelegung müssen weiter die Auftragshöhen und die Auftragslaufzeiten bekannt sein. Erstere werden nach den Grundsätzen von Abschnitt V, 4 festgesetzt. Im Monatsbedarf m, der dazu benötigt wird, soll der zu erwartende Ausschußsatz bereits enthalten sein. Rechnet man mit ungefähr 5 vH., so wird

$$m = \frac{460\,000}{12}\,1{,}05 = \text{rd. } 40000 \text{ Stck.}$$

Auf die beiden Größen A und B bezogen ergibt das

$$m_A = 0{,}6 \cdot 40000 = 24000 \text{ Stck.}$$
$$m_B = 0{,}4 \cdot 40000 = 16000 \text{ Stck.}$$

Die Auftragshöhen selbst seien berechnet zu

$$h_A = 48000 \text{ Stck.}$$
$$h_B = 32000 \text{ Stck.}$$

Mit diesen Stückzahlen rechnet man die einzelnen Fertigungszeiten aus, also die Anzahl Stunden, welche die Aufträge bei den gegebenen Mengenleistungen zum Durchlaufen der verschiedenen Arbeitsgänge benötigen. Die Ergebnisse sind in Zahlentafel 2 zusammengestellt.

Zahlentafel 2. *Zusammenstellung der Mengenleistungen und Fertigungszeiten.*

1	2	3	4	5	6	7
Arbeits-gang Nr.	Verw. Maschine		Größe A		Größe B	
	Bezeichnung	Anzahl	Leistung Stck./Std.	Fertigungszeit Std.	Leistung Stck./Std.	Fertigungszeit Std.
4	SDA 1	1	500	$\frac{48\,000}{500} = 96$	500	$\frac{32\,000}{500} = 64$
5	,, 2	1	500	$\frac{48\,000}{500} = 96$	500	$\frac{32\,000}{500} = 64$
6	,, 3	1	435	$\frac{48\,000}{435} = 110$	435	$\frac{32\,000}{435} = 74$
7	,, 4	1	435	$\frac{48\,000}{435} = 110$	435	$\frac{32\,000}{435} = 74$
8	SFA 1; 2	2	122	$\frac{48\,000}{2\cdot122} = 197$	122	$\frac{32\,000}{2\cdot122} = 131$
9	,, 3; 4	2	122	$\frac{48\,000}{2\cdot122} = 197$	122	$\frac{32\,000}{2\cdot122} = 131$
10	MBM 1	1	250	$\frac{48\,000}{250} = 192$	230	$\frac{32\,000}{230} = 139$
11	,, 2	1	250	$\frac{48\,000}{250} = 192$	230	$\frac{32\,000}{230} = 139$
12	SSA 1	1	270	$\frac{48\,000}{270} = 178$	245	$\frac{32\,000}{245} = 131$
13	,, 2	1	270	$\frac{48\,000}{270} = 178$	245	$\frac{32\,000}{245} = 131$
14	DK 1; 2	2	180	$\frac{48\,000}{2\cdot190} = 126$	190	$\frac{32\,000}{2\cdot190} = 84$

Nachdem nun alle Unterlagen beschafft sind, kann mit der Belegung des Maschinenparks auf der Termintafel begonnen werden. Zunächst ist der Mengenmaßstab für die Teilung der Zeitskala festzulegen. Der Maßstab, mit welchem man am leichtesten rechnen kann, ist: 1 Stunde $=1$ mm, denn dann wird die Länge des Terminstreifens in Millimeter gleich der Stundenzahl der Fertigungszeit. Größere Maßstäbe erhöhen jedoch die Genauigkeit der Belegungstafel, da Nachlässigkeiten im Zuschneiden der Streifen weniger ins Gewicht fallen, und da man kleinere Zeiteinheiten als Tage besser abschätzen kann. Aus Platzgründen wählen wir die Stunde zu 0,27 mm. Die in Zahlentafel 2 ausgerechneten Fertigungszeiten sind also jeweils mit 0,27 zu vervielfachen, wenn man die Länge der Terminstreifen von Abb. 13 erhalten will. Diese Abb. zeigt einen Ausschnitt aus der fertig belegten Termintafel. Am linken Rand sind für die einzelnen Arbeitsgänge die verwendeten Maschinen verzeichnet. Die Bezeichnungen der Arbeitsgänge selbst sind außerdem der Übersicht halber auf den Streifen vermerkt, was man aber im Betrieb meist unterlassen kann.

Zur Unterscheidung der beiden Größen wählen wir für die Aufträge auf Größe A rote (in Abb. 13 schräggeschrafft) und für diejenigen auf Größe B grüne (Kreuz geschrafft) Papierstreifen.

Die Belegung der Termintafel geschieht nun folgendermaßen:

Der erste Auftrag in Höhe von 48000 Stck. von Größe A (Auftrag I) beginne seinen Fertigungslauf am Tag 1 des 1. Monats. Die ersten, hier in Frage kommenden Arbeitsgänge finden auf den SDA-Automaten statt. Nach Zahlentafel 2, Spalte 5 betragen die Drehzeiten für die Arbeitsgänge 4 und 5 je 96 Stunden und für die Arbeitsgänge 6 und 7 je 110 Stunden. Damit werden die Streifenlängen für

$$\text{Automat SDA 1 u. 2: } 0{,}27 \cdot 96 = 25{,}9 \text{ mm}$$
$$\text{Automat SDA 3 u. 4: } 0{,}27 \cdot 110 = 29{,}7 \text{ mm}$$

Die auf die Tafel aufgesteckten Streifen zeigen Beginn und Ende jedes Arbeitsganges an. Auftrag I ist am 19. des 1. Monats auf den SDA Automaten erledigt. Der Übergang von einem Automaten zum nächsten findet statt, wenn eine größere Stückzahl des Auftrags den ersten durchflossen hat, so daß für den zweiten stets genügend Werkstücke vorhanden sind. Daher ist auf der Tafel der Beginn jedes Arbeitsganges gegenüber dem Beginn des vorhergehenden um einen gewissen Zeitbetrag versetzt.

Es ist keineswegs gleichgültig, wie groß dieser Betrag ist, denn er stellt zunächst eine „Wartezeit" (im Refasinne) für die folgende Maschine dar, und um die Summe der so entstehenden Zeitbeträge wird die Durchlaufzeit des Auftrages verlängert. Zugleich wird der Nutzungsgrad der Werkstatt herabgesetzt, weil die Maschinen schlechter ausgenützt werden als es nötig wäre.

Terminberechnung.

Verzichtete man dagegen völlig auf die Staffelung der Arbeitsgänge, so würde wohl die Laufzeit etwas verkürzt und der Nutzungsgrad ver-

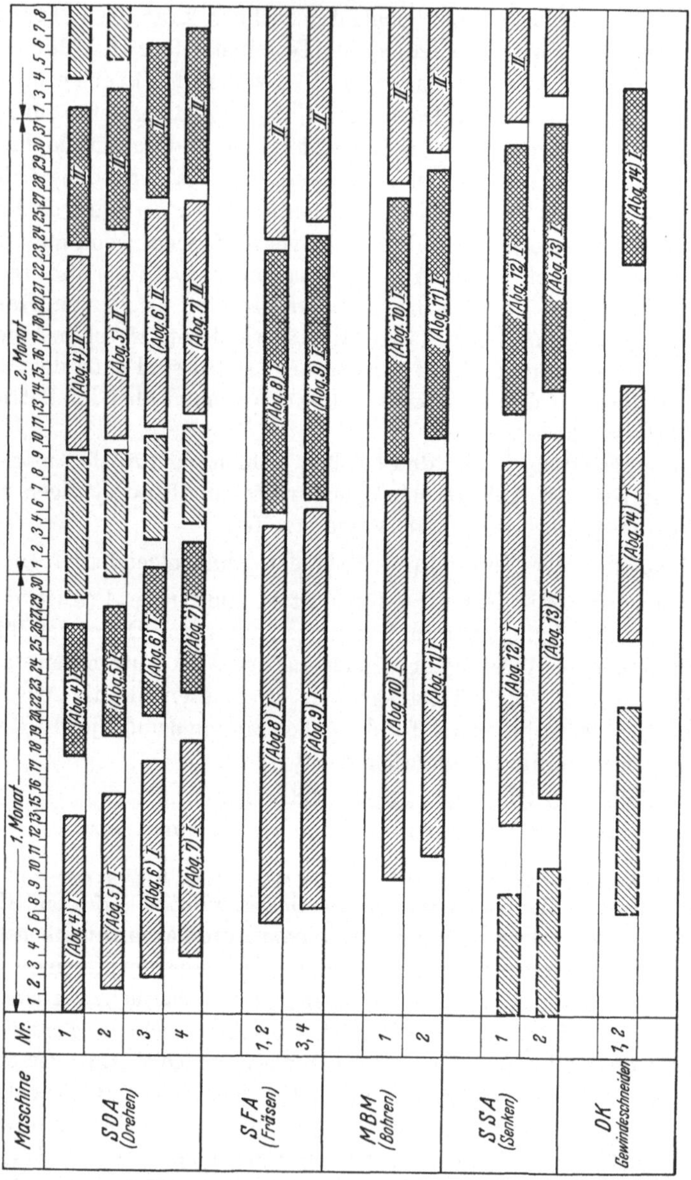

Abb. 13. Werkstattbelegung an Hand einer Terminntafel.
////// Aufträge auf Muster A   ⊠⊠⊠⊠ Aufträge auf Muster B
Maßstab: 1 Std. = 0,27 mm.

bessert, aber die Maschinen wären dann unmittelbar aufeinander angewiesen, so daß bei einer Betriebsstörung praktisch alle Maschinen stehen bleiben müßten. Wie man in der Lagerwirtschaft zur Vermeidung dieses Falles einen Sicherheitsbestand vorsieht, so schaltet man bei empfindlichen Maschinen einen Sicherheitszeitraum in den Fertigungsablauf der Fließarbeit ein. In beiden Fällen ist die finanzielle Mehrbelastung weniger schwerwiegend als die Kosten und sonstigen Nachteile einer Stockung der gesamten Fertigung.

Sind 2 oder mehrere Maschinen durch Förderband, Rutsche u. dgl. gekoppelt, so können sie bezüglich der Auftragslaufzeit als Einheit betrachtet werden. Es gilt für sie jedoch das Obengesagte ebenfalls, d. h. wenn Maschine „A" ausfällt, bleibt „B" im selben Augenblick auch stehen. Daher sollte man bei jeglicher Fließfertigung Magazine am Arbeitsplatz vorsehen.

In gleicher Weise werden nun die übrigen Maschinen belegt. Auftrag rot I wandert zunächst zu den Fräsautomaten und von da über die Mehrspindelbohrmaschinen und Senkautomaten zu den Drehbänken, wo schließlich als letzter Arbeitsgang das Gewinde aufgeschnitten wird. Der Tag, an dem dies am letzten Werkstück von rot I ausgeführt ist, kann als Liefertermin des Auftrags gefordert werden, denn hier ist die Fertigung beendet. Im Beispiel ist dieser Tag der 14. des 2. Monats.

An den Auftrag rot I schließt sich der Auftrag grün I an, mit dem man nach denselben Grundsätzen verfährt. Dabei ist es ratsam, zwischen beiden Aufträgen einen Abstand von etwa 2—3 Tagen einzuhalten. Dieser Abstand ist einmal wegen der Umstellarbeiten notwendig (Rüstzeiten), dann soll er aber auch eine gewisse Bewegungsfreiheit zusichern, so daß man nicht gezwungen ist, bei Verzögerung eines vorhergehenden Arbeitsganges gleich die ganze Tafel neu einrichten zu müssen.

Nun erhebt sich die Frage, wann die übrigen roten und grünen Aufträge auf der Tafel erscheinen müssen. (Der 2. Auftrag auf Bearbeitung von Größe A (rot II) ist auf der Abb. noch zu sehen.) Bei der Festlegung dieser Zeitpunkte ist die Länge der Frist maßgebend, die vom Tag des Fertigungsbeginns bis zu dem vom Kunden geforderten Liefertermin zur Verfügung steht. Im Beispiel beträgt diese Frist 12 Monate. Mit dem Zusammenbau des Erzeugnisses kann naturgemäß nicht eher begonnen werden als bis der erste Auftrag mindestens zu einem Teil sämtliche Arbeitsgänge durchgemacht hat. Es ist also nicht die ganze Frist von 12 Monaten verfügbar. Wie aus Abb. 13 zu ersehen ist, kann ungefähr nach Ablauf eines Monats mit dem Zusammenbau von Größe A begonnen werden, vorausgesetzt allerdings, daß die übrigen, zu dem Erzeugnis gehörigen Einzelteile ebenfalls im Verlauf des ersten Monats von den anderen Werkstätten geliefert sind.

Der Zusammenbau von Größe A geht also vom 2. Monat an während der folgenden 11 Monate ununterbrochen vor sich. In Wochen ausgedrückt sind das 46 Wochen, die auf dem Kalender abzuzählen sind.

Bei 50 Stunden wöchentlicher Arbeitszeit hat die Zusammenbau-Werkstatt einen Verbrauch von

$$M = \frac{0{,}6 \cdot 460\,000}{46 \cdot 50} = 120 \text{ Stck./Std.}$$

Wenn also der erste rote Auftrag von 48000 Stck. fertiggestellt ist, so reicht der im Lager vorrätige Bestand für eine Zeit von

$$\frac{48\,000}{120} = 400 \text{ Std.}$$

Während dieser Zeit können dem Zusammenbau ständig neue Teile aus dem Lager zugeführt werden. Der 2. Auftrag muß im Lager eingeliefert sein, kurz bevor der vorhandene Bestand völlig aufgebraucht ist. Da dies nach 400 Stunden von Beginn des Zusammenbauens der Fall ist, so müssen sich die roten Aufträge in einem Abstand von 400 Std. folgen, gerechnet vom Beginn eines Arbeitsganges bis zum Beginn des gleichen Arbeitsganges am nächsten Auftrag (Auftragsfolgezeit).

Will man einen Sicherheitsbestand im Lager belassen, so muß mit der Fertigung des nächsten Auftrages natürlich früher begonnen werden. Im vorliegenden Beispiel ist ein solcher von einem halben Monatsbedarf angenommen. Da ein halber Monat ungefähr der Anzahl von 100 Arbeitsstunden entspricht, so erscheinen die roten Aufträge im Abbstand von 400— 100 = 300 Std. oder 300 · 0,27 = 81 mm.

Derselbe Rechenvorgang gilt für Größe B. Ihr stehen für den Zusammenbau noch etwa 10 Monate = rd. 42 Wochen zur Verfügung. Hier ist $M = \dfrac{0{,}4 \cdot 460\,000}{42 \cdot 50} = 88\,\text{Stck./Std.}$ und die äußerst zulässige Auftragsfolgezeit $\dfrac{32\,000}{88} = 364$ Std. Wegen Berücksichtigung des Sicherheitsbestandes beträgt der Zwischenraum auf der Tafel bei den grünen Aufträgen 264 Std. oder rund 71 mm.

Über den auf diese Weise zwischen den roten und grünen Aufträgen freibleibenden Platz auf der Tafel (und damit über die betreffenden Maschinen) kann anderweitig verfügt werden. Dies ist durch die gestrichelten Streifen angedeutet. Die völlige Ausnutzung des nunmehr schon beschränkten Raumes erfordert naturgemäß einige Geschicklichkeit. Sollte durch unerwartete Schwierigkeiten, z.B. wegen Maschinenschadens die Fertigung eine Unterbrechung erfahren, so muß eine solche Verzögerung durch Verlängern oder Verschieben des Streifens auf der Tafel berücksichtigt werden, es sei denn, der Zeitverlust wird durch Überstunden wieder aufgeholt.

Das geschilderte Verfahren stellt die sicherste Art der Terminberechnung dar, weil es sich unmittelbar auf die Bearbeitungszeiten der Aufträge stützt. Seine Anwendungsmöglichkeit ist grundsätzlich nicht eingeschränkt, obwohl es zweckmäßig erscheint, nur dann von ihm Gebrauch zu machen, wenn andere Verfahren zu unsicher sind oder die Werkstattbelegung aus sonstigen Gründen notwendig ist. Der Stand der Arbeiten kann jederzeit leicht nachgeprüft und die Soll- mit den Ist-leistungen verglichen werden. Streitigkeiten zwischen Büro und Betrieb lassen sich an Hand des Bildes, das die Tafel bietet, bedeutend leichter beilegen, als durch umfangreiche Erörterungen. Ferner ist es möglich, unerwartet anfallende Zwischenaufträge so in den Plan einzupassen, daß auch sie ohne Störung des normalen Herstellungsganges terminmäßig erledigt werden können.

B. Summarische Terminberechnung.

Anwendungsgebiet: Ununterbrochene Massenfertigung.

Die summarische Termingebung ist ein rechnerisches Verfahren, dessen Anwendung erheblich einfacher ist als die Ausarbeitung von Belegungsplänen. Sie läßt sich für alle jene Teile verwenden, die dem Fertigungsablauf keine Schwierigkeiten machen, so daß die zeichnerische Darstellung der Bearbeitungszeiten den Zeitaufwand nicht lohnen würde.

Wenn die Leistungsfähigkeit einer Werkstatt auf den Teileverbrauch des Zusammenbaus richtig abgestimmt ist, so müssen die Fertigungs-mittel in jedem Arbeitsgang so viele Teile liefern können, wie der Zu-sammenbau benötigt. Eine Fertigungsplanung, die diese Forderung nicht erfüllt, ist sinnlos. Daher ist, wie in Abschnitt II, 4 gezeigt wurde, die Liefermenge „z" eine Größe, die durch den Teilebedarf des Zu-sammenbaus (und unter Berücksichtigung des zu erwartenden Aus-schusses) gegeben ist. Das bedeutet aber, daß für jeden Arbeitsgang so viele Maschinen vorhanden sein müssen, daß die Stückzahl z unter allen Umständen geliefert werden kann.

Die erforderliche Maschinenzahl wurde an anderer Stelle zu $n = \dfrac{z}{L}$ abgeleitet. Es ist also

$$n \cdot L = z.$$

Da diese Beziehung für jede vorhandene Maschine und für jedes ein-zelne Teil des Erzeugnisses (soweit es im Werk selbst hergestellt wird) be-steht, so muß es möglich sein, die Größe z zur Berechnung des Zeitbetrages heranzuziehen, den man einem Auftrag als „Durchlaufzeit"[1] in der

---

[1] Es ist notwendig, an dieser Stelle den Unterschied zwischen den beiden Begriffen „Durchlaufzeit" und „Fertigungs- oder Bearbeitungszeit" deutlich her-vorzuheben. *Laufzeit* nennt man die Gesamtzeit, während der sich ein Auftrag in der Werkstatt befindet vom Augenblick der Erteilung bis zur Ablieferung. Dazu gehört also auch eine etwaige Wartezeit vor oder nach der eigentlichen Fertigung. Im Gegensatz dazu stellt die Fertigungszeit den Zeitanteil dar, währenddem sich der Auftrag wirklich in Arbeit befindet.

Werkstatt zusichern muß, um seine ordnungsgemäße Erledigung zu gewährleisten. Daran knüpft man folgende Überlegung:

Die Stückzahl h eines Werkstattauftrages ist immer ein Vielfaches von z. Um z Stck. zu liefern braucht die Werkstatt eine Stunde; für h Stck. braucht sie demnach $\dfrac{h}{z}$ Stunden. Da die Liefermenge für jedes Teil bekannt ist, so kann die Durchlaufzeit und damit der Liefertermin eines Auftrages ohne weiteres mittelst der Größe z bestimmt werden.

In den meisten Fällen ist es völlig ausreichend, die Durchlaufzeit in Tagen anzugeben, weil man ja einen Termin unter normalen Umständen auch nur tageweise verlangt und nicht auf die Stunde genau. Daher bezieht man z auf die Lieferung eines *Tages*, d. h. man vervielfacht die Größe mit der täglichen Arbeitsstundenzahl. Dabei hat es sich praktisch erwiesen, als Arbeitsstundenzahl den Wochendurchschnitt w einzusetzen, um die allgemein übliche Kurzarbeit am Samstag auszugleichen. Die auf den Tag umgerechnete Liefermenge nennen wir kurz „Tageslieferung" und die entsprechende Mengenleistung je Tag „die Tagesleistung" der Maschinen. Die Tageslieferung ist:

$$Z_{Tg} = \frac{w}{6}\, z \text{ Stck./Tag.}$$

Dies ist ein für jedes Teil feststehender Faktor, der — wie aus dem nächsten Abschnitt zu entnehmen ist — zur Vereinfachung des Rechenvorganges auf den Karteikarten der Teile vermerkt sein soll.

Somit berechnet sich die Durchlaufzeit eines Auftrags nach dem summarischen Verfahren zu

$$i = \frac{h}{Z_{Tg}} \text{ Tage.}$$

An Hand eines Beispiels wollen wir diese Berechnungsweise einer kritischen Prüfung unterziehen, um festzustellen, ob die Werkstatt den so gestellten Forderungen auch tatsächlich nachkommen kann.

Beispiel. Eine Waagenfabrik stellt stündlich 72 Neigungswaagen her, deren Einzelteile gestanzt werden. Der Zusammenbau des Werkes benötigt also von jedem Teil stündlich 72 Stück, bzw. das m-fache dieser Zahl von solchen Teilen, die m-mal im Erzeugnis vorkommen. Die Stanzerei muß diese Mengen liefern können und dazu noch die Übermenge als Ersatz für Ausschuß. Ist letztere mit 5 v. H. statistisch ermittelt, so beträgt die verlangbare Liefermenge $z = 72 \cdot 1{,}05 \cdot m$ Stck./Std.

Bei 48 stündiger Arbeitszeit je Woche und 6 Arbeitstagen beträgt die verlangbare Tageslieferung

$$Z_{Tg} = \frac{48}{6}\, 72 \cdot 1{,}05 = \text{rd. 600 Stück im Tag,}$$

für Teile, die einmal im Erzeugnis vorkommen und für solche, die zweimal vorkommen, $= 1200$ Stück im Tag.

Von den Aufträgen, die an einem bestimmten Tage der Stanzerei zur Ergänzung des Lagerbestandes erteilt werden, greifen wir beliebig die Aufträge *I*, *II* und *III* heraus, die sich auf 3 verschiedene Stanzteile beziehen.

Teil *I* und *II* wird je einmal, Teil *III* wird zweimal im Erzeugnis verwendet.

Die Auftragshöhen betragen

$h = 12\,000$ Stück für die einmal vorkommenden Teile,
$h = 24\,000$ „ „ „ zweimal „ „ .

Die *Auftragslaufzeit* oder Durchlaufzeit (nicht etwa die Fertigungszeit auf der Presse) beträgt nach umseitiger Formel für Auftrag *I* und *II*:

$$i = \frac{12\,000}{600} = 20 \text{ Tage}$$

und für Auftrag *III*

$$i = \frac{24\,000}{1200} = 20 \text{ Tage}.$$

D. h. der verlangbare Liefertermin liegt 20 Tage nach Auftragserteilung. Diese Frist wird auf dem Kalender abgezählt und der Stanzerei bekanntgegeben. Es ist nun Sache des Werkstattleiters, die hereinkommenden Aufträge so auf seine Maschinen zu verteilen, daß der berechnete Termin eingehalten wird. Daß dies möglich ist, zeigt die weitere Untersuchung des besprochenen Beispiels.

Die 3 fraglichen Teile sollen auf einundderselben Presse gestanzt werden. Die Mengenleistung der Presse ist wegen der verschiedengroßen Vorschübe und entsprechend der Blechstärken des Bandmaterials, für jedes Teil eine andere. Die Leistungen sind in nachstender Zahlentafel zusammengestellt.

Zahlentafel 3.

Auftrag Nr.	Gegenstand	Blechstärke mm	Vorgabezt. Min/Stck.	Mengenleistung Stck./Std.	Gestanzt auf Presse Inv. Nr.
I	Kniehebel	2,8	0,243	247	2119
II	Bügel	2,0	0,204	294	2119
III	Anschlag	1,5	0,156	385	2119

Wurde die Maschinenbedarfsrechnung richtig durchgeführt, so muß es möglich sein, die Aufträge in der oben berechneten Zeit nacheinander zu erledigen.

Zur Nachprüfung zeichnet man wieder eine Mengen-Zeitskala auf, deren Maßstab aus Platzgründen zu 1 Std. = 0,563 mm gewählt wird (Abb. 14). Die 48-Stunden-Woche wird dann 27 mm lang und ein voller Arbeitstag 5 mm; für den Samstag verbleibt der Rest von 2 mm. Da es

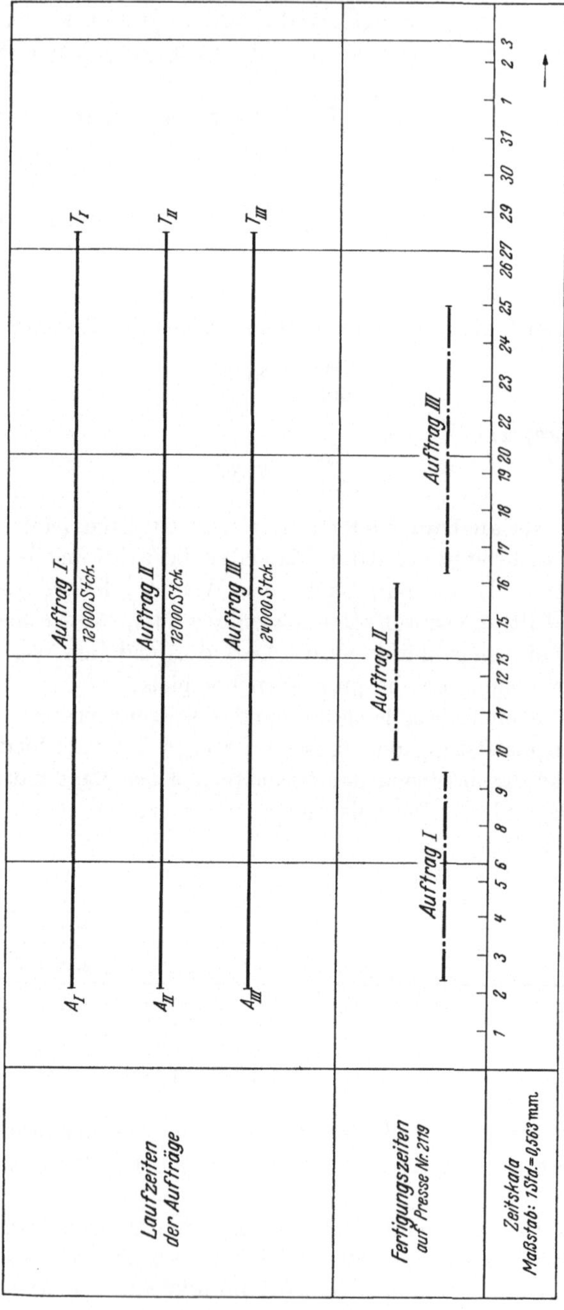

Abb. 14. Durchlaufzeiten und Fertigungszeiten dreier Aufträge in einer Stanzerei.

sich hier nur um die grundsätzliche Darstellung der Vorgänge handelt, so ist es gleichgültig, daß auf diese Weise für die tägliche Arbeitszeit eine unrunde Zahl entsteht.

Auf dieser Skala zählen wir nun 20 Tage als Auftragslaufzeit ab, wobei zwei Samstage als ein ganzer Tag gerechnet werden und stellen sie als Strecke dar. Da die drei Aufträge eine gleichlange Laufzeit haben, so erhält man auch die gleichlangen Strecken $A_I T_I$, $A_{II} T_{II}$ und $A_{III} T_{III}$. Die Punkte A bedeuten den Tag der Auftragserstellung und die Punkte T die Liefertermine, die natürlich alle auf dem gleichen Tag liegen.

Die Reihenfolge, in welcher die Aufträge in der Werkstatt erledigt werden, ist gleichgültig, denn durch die Berechnung ist die Gewähr gegeben, daß innerhalb der Laufzeit die Summe aller in Frage kommender Aufträge gefertigt werden können. (Daher ,,summarische Terminberechnung''). Die Fertigungszeiten betragen für:

$$\text{Auftrag} \quad I: \frac{12000}{247} = 48{,}6 \text{ Std.}; \quad 48{,}6 \cdot 0{,}563 = 27{,}4 \text{ mm},$$

$$,, \qquad II: \frac{12000}{294} = 40{,}8 \text{ Std.}; \quad 40{,}8 \cdot 0{,}563 = 23{,}0 \text{ mm},$$

$$,, \qquad III: \frac{24000}{385} = 62{,}4 \text{ Std.}; \quad 62{,}4 \cdot 0{,}563 = 35{,}2 \text{ mm}.$$

Diese Zeiten tragen wir als Strecken über der Zeitskala im unteren Teil von Abb. 14 auf, ausgehend vom Bestelltag A. Zur Berücksichtigung der Rüstzeiten, die hier allerdings sehr klein sind, trennt man die Strecken durch einen Zwischenraum von etwa 1 mm. Aus dem Vergleich der Strecken im unteren und oberen Teil des Bildes ist zu ersehen, daß die Summe der Stanzzeiten von I bis III um ein Geringes kleiner ist, als die verfügbare Laufzeit von 20 Tagen. Wäre die Mengenleistung der Presse für eines dieser Werkstücke kleiner als im Beispiel angegeben, würde also die Summe der drei Fertigungszeiten größer als die Laufzeit, so wäre an der Darstellung dennoch nichts geändert. Denn in diesem Falle müßte man auf Grund der Maschinenbedarfs-Berechnung *zwei* Pressen zum Stanzen dieser Teile heranziehen, so daß die berechnete Frist in Wirklichkeit doch ausreichend ist.

Daß die fragliche Presse bei den vorliegenden Mengenleistungen und Liefermengen nicht über 100 vH. ausgenutzt ist, läßt sich auch durch Aufstellung des Belastungsgrades β in einfacher Weise nachprüfen. Es ist $\beta = \sum \frac{\frac{z}{L}}{n}$; in diesem Fall, da $n = 1$,

$$\beta = \frac{72 \cdot 1{,}05}{247} + \frac{72 \cdot 1{,}05}{294} + \frac{144 \cdot 1{,}05}{385} = 0{,}96.$$

Es ergibt sich also eine Belastung von 96 vH. Dadurch ist ebenfalls der Nachweis erbracht, daß die drei Teile ohne Überschreitung der vorgesehenen Zeit auf der Presse hergestellt werden können.

C. Terminberechnung für Sonderaufträge.

Anwendungsgebiet: Wechselnde und ununterbrochene
Massenfertigung.

Die zeitliche und mengenmäßige Gleichförmigkeit der Fertigung, die
für das Verfahren der summarischen Terminberechnung vorausgesetzt
ist, liegt nicht überall vor. Es genügt z. B. schon die Tatsache, daß ein-
zelne Teile eines sonst fortlaufend hergestellten Erzeugnisses eine Sonderausführung erhalten (Sonderteile), um der Berechnung Schwierigkeiten
zu machen. Denn Sonderausführungen werden vom Kunden meistens
in ganz verschieden großen Mengen und Zeiträumen verlangt, so daß
der Begriff der Liefermenge, der für die Bestimmung der Laufzeit maßgebend ist, nicht mehr ohne weiteres verwendet werden kann. Das Verfahren wird zwar in seinen Grundzügen beibehalten, doch muß es für
den besonderen Zweck abgewandelt werden. Man kehrt es gleichsam
um und fragt: wann und in welchen Mengen werden die Sonderteile benötigt ? Auf Grund dieser Zeitpunkte bestimmt man erst die Termine
der Sonderaufträge und legt dann rückwärts die Länge der Laufzeit fest.

Die wichtigste Unterlage bildet hierfür das *Fertigungsprogramm*, das
allerdings auf längere Sicht festliegen muß. Es wird von der Betriebsleitung in Zusammenarbeit mit dem Terminbüro aufgestellt und aus ihm
ist zu ersehen, bis zu welchen Tagen und in welchen Mengen die Sonderausführungen fertiggestellt sein müssen. Es bildet damit den Anhaltspunkt für die rückwärtige Berechnung der für die ordnungsgemäße
Fertigung notwendigen Zeitbeträge.

Zur Verdeutlichung der Sachlage ziehen wir noch einmal das Beispiel aus dem vorhergehenden Absatz heran. Die Herstellung von
72 Schnellwaagen je Stunde bezog sich auf die normale Ausführung, die
in gleichmäßigen Mengen gebaut wird. Angenommen, es soll auf Grund
eines Kundenwunsches eine bestimmte Anzahl dieser Waagen mit er-
weitertem Wiegebereich hergestellt werden, so ergibt sich die Notwendigkeit, eine Anzahl von Bauteilen abzuändern oder auch zusätzlich hin-
zuzufügen.

Ein solcher Kundenauftrag belaufe sich beispielsweise auf 8000 Stck.
Mit Rücksicht auf den gleichmäßigen Absatz der Normalausführung ist
es nun nicht zulässig, den ganzen Sonderauftrag hintereinander zu erledigen. Daher verteilt man die Herstellung über mehrere Wochen oder
Monate und legt in Form des Fertigungsprogrammes fest, an welchen
Tagen und wieviel Stück der Sonderausführung jeweils gebaut werden
sollen.

Es ist auch in diesem Fall vorteilhaft, das Programm zur augen-
fälligen Veranschaulichung der Mengenverhältnisse zeichnerisch darzu-

stellen. Zu diesem Zweck zeichnet man wiederum eine Skala, in welcher jedoch im Gegensatz zu den bisher angeführten, nicht jeder Arbeitstag aufgetragen ist, sondern nur diejenigen, an denen die Sonderausführung gebaut wird. Die zeichnerische Länge eines solchen Tages entspricht der Anzahl Sondererzeugnisse, welche das Programm an dem betreffenden Tag für den Zusammenbau vorsieht (Abb. 15). Der Maßstab ist in der Abbildung so gewählt, daß 1 mm der Anzahl von 50 Stck. entspricht. Wenn also beispielsweise an einem Tag 250 Sonderwaagen gebaut werden, so beträgt die Länge dieses Tages auf der Skala $\frac{250}{50} = 5$ mm. Die unter der Skala stehenden Daten verweisen auf die Tage, an denen der Zusammenbau laut Fertigungsprogramm erfolgt (Bautage).

Der Kundenauftrag von 8000 Stck. wird für die Werkstattbearbeitung nach Maßgabe wirtschaftlicher Auftragsstückzahl ein- oder mehrmals unterteilt. Wir rechnen im vorliegenden Fall mit zweimal 3000 Stck. und einmal 2400 Stck.; dabei ist die Gesamtzahl zur Ausschußberücksichtigung etwas höher angesetzt. Es besteht nun die Aufgabe, die Durchlaufzeiten für die 3 Aufträge zu ermitteln.

Man trägt zunächst die Stückzahlen als Strecken über der Skala an und zwar mit dem Anfangspunkt beim ersten, hier verzeichneten Bautag (29. April). Die Längen der Strecken betragen nach obigem

$$\frac{3000}{50} = 60 \text{ mm} \quad \text{und} \quad \frac{2400}{50} = 48 \text{ mm}.$$

Diese Strecken stellen aber nicht etwa die Laufzeiten dar, sondern sie überspannen lediglich die Zeiträume, während denen der Einbauverbrauch des betreffenden Sonderteiles durch die *fertigen Aufträge* gedeckt ist. Somit bedeuten deren *Anfangspunkte* die äußersten Termine, bis zu denen die Aufträge fertig-

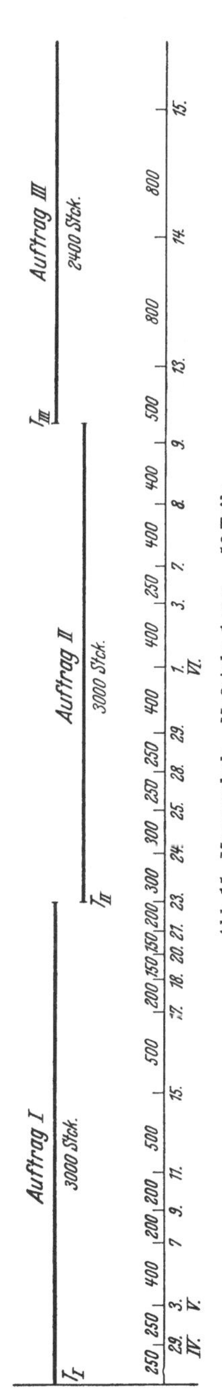

Abb. 15. Mengenskala. Maßstab: 1 mm = 50 Teile.

Es werden nur diejenigen Tage aufgetragen, die das Programm für den Zusammenbau des betr. Sonder-Erzeugnisses vorsieht. Die graphische Länge eines Tages entspricht der Anzahl Erzeugnisse oder Teile, die hergestellt werden sollen. Die Strecken überspannen die Zeiträume, während der die fertigen Aufträge den Bedarf des Zusammenbaus decken.

gestellt sein müssen. So ist z. B. als erster Bautag der 29. April angesetzt; also müssen sämtliche Teile der Sonderausführung bis zu diesem Tag zur Verfügung stehen. Daher wird man als Termin für Auftrag *I* den 28. April verlangen, besser noch einige Tage früher, um etwaige Verzögerungen zu berücksichtigen, die bei der Herstellung auftreten können.

Die Liefertermine für die beiden anderen Aufträge werden auf die gleiche Weise bestimmt. Sie fallen, wie aus der Abbildung zu ersehen ist, spätestens auf den 21. Mai (T_{II}) und den 12. Juni (T_{III}).

Sind so die Fertigtermine für die Aufträge bestimmt, so besteht die weitere Aufgabe darin, rückwärts die zugehörigen Durchlaufzeiten zu ermitteln, also die Zeitpunkte, an denen die Aufträge an die Werkstatt vergeben werden müssen, um die ordnungsmäßige Bearbeitung zu sichern.

Das Verfahren, nach welchem man dabei vorgeht, richtet sich ganz nach der Herstellungsweise des betreffenden Teiles und im weiteren Sinn nach der Art der ganzen Sonderausführung. Hierbei sind im wesentlichen zwei Gruppen von Sonderteilen zu unterscheiden:

a) Solche, die *an Stelle* eines *Normalteiles* in das Erzeugnis eingebaut werden, die also herstellungstechnisch keine zusätzliche Belastung des Betriebes bedeuten. Für sie kann die Laufzeit wie üblich durch den Bruch $\dfrac{h}{z}$ rückläufig berechnet werden.

b) Im Gegensatz dazu stehen Teile, die außer der normalen *zusätzlich* in die Sonderausführung eingebaut werden. Ihre Herstellung bedeutet demnach auch eine zusätzliche Belastung der Werkstatt. Für sie ist es vorteilhaft, die Durchlaufzeit auf zeichnerischem Wege durch Darstellung der Bearbeitungszeiten eindeutig zu bestimmen.

Fall a) ist ohne weiteres klar. Sind die Liefertermine der Werkstattaufträge nach den oben erläuterten Gesichtspunkten richtig festgelegt, so lassen sich die zugehörigen Laufzeiten leicht ausrechnen, wenn vorausgesetzt werden kann, daß die Herstellung oder Bearbeitung dieser Teile nicht mehr Zeit beansprucht als die der normalen.

Um den Verhältnissen von Fall b) gerecht zu werden, entwirft man am besten einen Terminplan, um die gesamten Fertigungszeiten richtig zu erfassen. Dies geschieht durch Verbindung der Mengenskala nach Abb. 15 mit einem Maschinenbelegungsplan. Die folgende Abbildung zeigt einen derartigen Verbundplan, der jedoch, wie gleich zu sehen ist, nichts grundsätzlich Neues darstellt.

Der Plan besteht aus zwei Feldern. Im oberen ist die Skala für den Mengenbedarf aufgeführt, mit dem Maßstab: 1 mm = 50 Stck. Es sind zwei Werkstattaufträge in Höhe von je 3000 Stck. eingezeichnet, welche einen Zeitraum von etwa sechs Wochen überspannen. Das darunterliegende große Feld ist für die Maschinenbelegung vorgesehen. Daher sind an dessen äußeren Rand die Maschinen verzeichnet, welche das fragliche Teil auf seinem Herstellungsgang durchwandert, wobei zugleich auch die jeweilige Mengenleistung L Stck./Std. angegeben ist. Die Skala des unteren Feldes ist eine gewöhnliche Zeitskala, mit dem Maßstab: 1 Std. $= 0{,}563$ mm. Es ist also zu beachten, daß die untere und obere Skala verschiedenartige Maßstäbe aufweisen.

Bei der Ausarbeitung des Planes geht man folgendermaßen vor.

Es wird zunächst die Mengenskala gezeichnet auf Grund der im Programm vorgesehenen Bautage. Dann werden die Auftragshöhen als Strecken darübergezogen, wodurch die äußersten Termine festgelegt sind. Von diesen Punkten aus entwickelt man rückwärts die Fertigungszeit, also ausgehend vom letzten Arbeitsgang bis zum Beginn des ersten. In Abb. 16 ist dies für die Aufträge I und II geschehen. Ist Auftrag I ins Lager geliefert, so reicht der Bestand bis zum 22. Mai; vom 24. an muß der zweite Auftrag zur Verfügung stehen, also liegt für diesen der äußerste Termin auf dem 23. Mai. Im unteren Feld sind die Fertigungszeiten für beide Aufträge eingezeichnet. Die Zurückverfolgung läßt erkennen, daß die gesamte Arbeitszeit von Auftrag I die Zeit vom 7. April bis zum 26. April und diejenige von Auftrag II die Zeit vom 4. Mai bis zum 19. Mai umfaßt. Damit sind die Punkte A und T für beide Aufträge bestimmt, d. h. Arbeitsbeginn (A), Liefertermin (T) und Laufzeit (in diesem Fall gleichbedeutend mit Fertigungszeit) sind festgelegt. Die Aufträge können ordnungsgemäß ausgeführt werden und die Teile stehen dem Zusammenbau zur vorgeschriebenen Zeit zur Verfügung.

Muß bei der Fertigung der Teile mit Ausschuß gerechnet werden, so ist das beim Entwurf des Planes in der Weise zu berücksichtigen, daß die Strecken im oberen Feld um den zu erwartenden Hundertsatz gekürzt werden. Die Punkte E rücken dadurch weiter nach links und der nächste Auftrag muß entsprechend früher zur Verfügung stehen.

D. Terminberechnung für Aufträge auf beliebige Arten von Massenerzeugnissen.

Anwendungsgebiet: Wechselnde Massenfertigung.

Je weitläufiger die Zahl verschiedenartiger Erzeugnisse eines Werkes ist, desto schwieriger gestaltet sich naturgemäß die terminmäßige Betriebsüberwachung. Befaßt man sich jedoch näher mit den vorliegenden Verhältnissen, so wird man immer wieder Möglichkeiten finden, die bisher verwendeten Begriffe und Verfahren auch auf das verwickelte Gebiet der stets wechselnden Massenfertigung zu übertragen (vgl. Gruppe 4 im II. Abschnitt). Vielfach verbirgt sich hinter dieser Betriebsart sogar eine ununterbrochene Massenfertigung nach

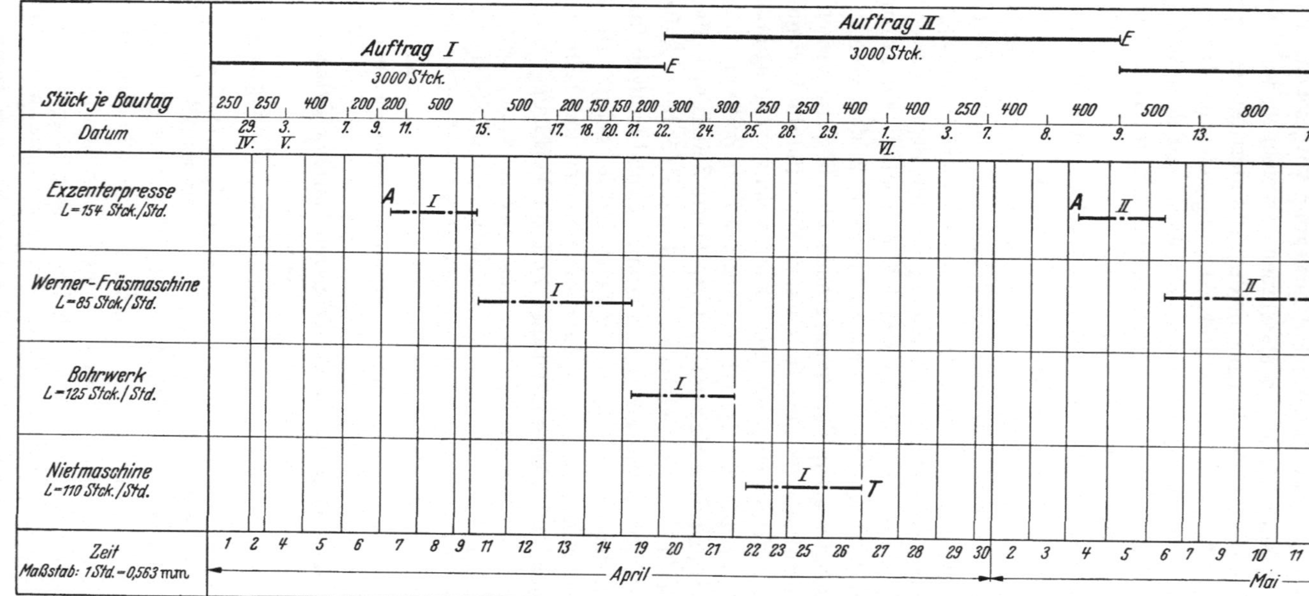

Abb. 16. Verbund-Terminplan. Mengenmaßstab: 1 mm = 50 Stck.
Zeitmaßstab: 1 Std. = 0,563 mm

Der Zeitabschnitt der Mengenskala im oberen Feld ist gegenüber demjenigen der Zeitskala im unteren versetzt. Aus der Mengenskala ist zu ersehen, wie lange die *fertigen Aufträge* den Einbauverbrauch des Sonderteiles decken. Im unteren Feld sind die Fertigungszeiten für jede Maschine auf Grund des Bruches $h:L$ dargestellt. Die Fertigungszeiten können nötigenfalls etwas ineinander geschoben werden.

Gruppe 1 oder 2, ohne daß man dies zunächst gewahr würde. So gibt es Betriebe, die jede erdenkliche Art von Stanz- oder Drehteilen herstellen, die jedoch nicht für die eigene Fertigung verwendet, sondern ausschließlich im Auftrag fremder Firmen oder sonstiger Abnehmer hergestellt werden. Es dürfte oftmals die Möglichkeit bestehen, solche Gegenstände ununterbrochen anzufertigen, also vom Kundenauftrag zu lösen und auf Lager zu arbeiten, sobald die Erfahrung gezeigt hat, daß diese Teile doch immer wieder verlangt werden — wenn auch in verschieden großen Mengen und Zeitabschnitten. Man kann also gegebenenfalls ganze Maschinengruppen vom übrigen Betrieb abspalten, für die dann Begriffe wie stündliche Liefermenge u. ä. aufrecht erhalten und damit das einfache Verfahren der summarischen Terminberechnung mittelst des Bruches $\frac{h}{z}$ verwendet werden kann. Man hat dadurch den großen Vorteil gleichmäßiger Betriebsbelastung und vereinfachter Lagerhaltung.

In allen andern Fällen findet fast immer die Termingebung auf Grund der Fertigungszeiten Anwendung, also eine Berechnungsweise, die aus den vorhergehenden Abschnitten bereits bekannt ist.

Abteilung				Lieferprogramm.									Blatt	vom 15. März bis 1. Oktober	
Auftr. Nr.	Stück	Gegenstand	Werkstoff	Abmessung	Termine									neuer Auftrag voraussichtlich	
					Stück	bis	Stück	bis	Stück	bis	Stück	bis		Stück	bis
2409	150 000	Senkschrauben	St 38. 11	$1 \cdot 0,2 \cdot 4$ DIN 243	50 000	1. 6.	50 000	15. 7.	50 000	21. 9.				200 000	Jan. 19..
2410	500 000	Paßkerbstifte	Al.	$2,5 \cdot 6,0$ DIN 7	200 000	3. 5.	300 000	18. 8.							

Abb. 17. Muster eines Kundenprogramms.

Der Ausgangspunkt für die planende Betriebsregelung bildet auch hier das Kundenprogramm, welches Auskunft über das „wann?" und „wieviel"? erteilt. Aus ihm sind folgende Angaben zu entnehmen:

1. Art der herzustellenden Gegenstände.
2. Höhe der einzelnen Kundenaufträge.
3. Vom Kunden geforderte Lieferfristen.
4. Anzahl und Höhe etwaiger Teillieferungen.
5. Zeitpunkt und Höhe etwaiger Wiederholungsaufträge.

Die äußere Form des Kundenprogramms ist so auszugestalten, daß diese fünf Punkte deutlich in Erscheinung treten. Man kann dazu Vordrucke nach umseitigem Muster benutzen.

Sehr praktisch ist es, diesen Plan auf einer Tafel zu führen, die nach Art der Termintafeln gebaut ist. Die einzelnen Angaben Stückzahl Gegenstand, Abmessung, Termintag usw. werden auf kleine Pappkärtchen geschrieben und in die entsprechenden Fächer gesteckt. Dadurch ist es möglich, jede Änderung durch einfaches Auswechseln der Kärtchen zu berücksichtigen, ohne daß es nötig ist, Ausstreichungen und Neubeschriftungen vorzunehmen.

Auf Grund des Programms arbeitet das Terminbüro die Werkstattaufträge aus, d. h. die Kundenaufträge werden nach den Gesichtspunkten wirtschaftlicher Fertigung unterteilt und die innerwerklichen Liefertermine bestimmt. Dies geschieht am sichersten durch die Ausarbeitung eines umfassenden Belegungsplanes, in welchem alle Aufträge geführt sind. Gleichlaufend damit ist auch ein Terminplan für *Werkzeuge und Vorrichtungen* zu entwerfen. Letzterer ist sehr wichtig, weil es sonst leicht vorkommen kann, daß eine mit viel Umsicht und Geschicklichkeit ausgeklügelte Werkstattbelegung nur deshalb wieder umgestoßen werden muß, weil die zur Fertigung notwendigen Hilfsmittel nicht rechtzeitig zur Verfügung stehen.

Zusammenfassend wären folgende Hauptpunkte bei der Aufstellung eines Terminplans für Massenaufträge nach Gruppe 4 zu erledigen:

1. Übernahme des Kundentermins in das Fertigungsprogramm.

2. Unterteilung des Kundenauftrags nach Maßgabe wirtschaftlicher Losgröße.

3. Gegebenenfalls: Ausarbeitung einer Mengenskala, d. i. die graphische Darstellung der Stückzahl der an den einzelnen Tagen herzustellenden Erzeugnisse.

4. Eintragen der Fertigungszeiten des Auftrags in den Maschinenbelegungsplan.

5. Gegebenenfalls: Bestimmung der Werkzeug- und Vorrichtungstermine an Hand eines Flächenschaubildes.

E. Terminplanung für Werkzeuge und Vorrichtungen.

Die bisher besprochenen Verfahren der Terminbestimmung setzen voraus, daß alle für die Fertigung benötigten Hilfsmittel, also Werkstoffe, Werkzeuge, Vorrichtungen u. dgl. ständig und rechtzeitig verfügbar sind. Ohne diese Voraussetzung hat jede Art von Terminplanung ihren Sinn verfehlt. Nun ist aber nicht der geringste Teil aller Terminschwierigkeiten eine Folge des Fehlens eben jener Hilfsmittel, und es muß daher dringend geraten werden, sie in den Aufgabenbereich des Terminbüros mit einzubeziehen. Meist sind es nicht einmal die großen Dinge, der Rohstoff, die Schnittwerkzeuge u. ä., welche, nicht rechtzeitig beschafft, zu Stockungen des Fertigungsflusses führen können, sondern die kleinen, unscheinbaren, die wegen ihres geringen Wertes leicht unbeachtet bleiben: Z. B. bestimmte anormale Bohrer, ein Salz, Schweißdrähte usw. Gewiß, der Einkauf ist für die Beschaffung dieser Dinge zuständig, aber das Terminbüro muß sich vorbehalten, zumindestens diejenigen Betriebsmittel zu überwachen, von deren rechtzeitiger Anlieferung die Fertigung abhängig ist. Um welche Art von Gegenständen es sich dabei handelt, kann immer nur von Fall zu Fall bestimmt werden. Die Erfahrung hat gezeigt, daß die Bestellung und Lieferung der *Werkstoffe* (Rohmaterialien und von auswärts bezogene Zulieferungen) immer vom Terminbüro überwacht werden sollte. Dabei ist es zweckmäßig, die Zuständigkeit der Abteilungen in der Weise abzugrenzen, daß das Terminbüro auf Grund seiner Unterlagen (Werkstoffkartei) die Werkstoffe verantwortlich beim Einkauf bestellt, während dieser nur die Bestellungen an die Lieferfirmen weitergibt.

Die terminmäßige Überwachung geschieht an Hand der Betriebsmittel- und der Werkstoffkarteien. Das setzt natürlich voraus, daß diese Dinge genau so auf Lager gehalten werden wie die eigentlichen Fertigungsteile. Anlieferung und Abruf vom Lager geschieht nach den gleichen Grundsätzen wie in Abschnitt V, 3 A bei der Theorie der Lagerbewegungen besprochen, d. h. es müssen dem Verbrauch angepaßte Bestellungen, Sicherheitsbestände und Bestellbestände festgelegt sein, so daß der dauernde Nachschub unter allen Umständen gesichert ist. Eine Lagerkarte für Betriebsmittel, die auch als Werkstoff-Lagerkarte brauchbar ist, zeigt Abb. 18. Sie ist genau so ausgestaltet wie eine normale Fertigungs- und Lagerkarte, so daß neben den eigentlichen Lagerbewegungen auch die Bestellungen vermerkt und die Lieferungen des Lieferanten verfolgt werden können.

Anders verhält es sich nun mit der Terminplanung für die Hilfswerkstätten des eigenen Unternehmens, wie Vorrichtungsbau, Werkzeugmacherei, Kokillenanfertigung u. dgl. Hier hat man es fast immer mit ganz kleinen Stückzahlen zu tun, und es treten daher dieselben Probleme auf wie bei der Terminsetzung in der Einzelfertigung. Wohl lassen sich

für die einzelnen Stücke die Herstellungszeiten ziemlich genau vorher-
bestimmen, doch treten infolge der oft verwickelten Arbeiten noch so
viele Unmeßbarkeiten auf, daß man schon gehörige Sicherheitszuschläge
auf die ermittelten Fristen geben muß, um sie für Terminbestimmungen
benützen zu können. Die Herstellungszeit allein ist aber nicht maßgebend, sondern, wie in jeder anderen Fertigungswerkstatt auch, die Zahl
und die Dringlichkeit der in einer Hilfswerkstoff vorliegenden Aufträge.
Das Terminbüro wird sich daher tunlichst eine Übersicht über diese Aufträge verschaffen müssen.

Betriebsmittel-Lagerkarte	Gegenstand:		Abmessung:		Einheit kg: Stck:
Karte Nr: Werk:	Lieferfirma:		Sicherheit	Best.Menge	Bestellbestand
Bestellung				Lieferung			Lagerbewegungen			
Auftrg.Nr.	Tag	Menge	Termin	Datum	Eingang	Aufrechn.	Datum	Eingang	Ausgang	Bestand
									Übertrag:	

Abb. 18. Lagerkarte für Werkstoffe und Betriebsmittel.

Die einfachste Möglichkeit, um das zu bewirken, ist die Führung einer
Liste, in welcher Gegenstand, ungefähre Herstellungszei⁺, Bestell- und
Termintag eingetragen wird. Will man einen Schritt weiter gehen, so
kann man die Belegung der Hilfswerkstatt an Hand eines Flächenschau-
bildes graphisch darstellen, wodurch recht brauchbare Unterlagen für die
Terminbestimmung gegeben werden. Dabei geht man von folgender
Überlegung aus:

Die Leistungsfähigkeit der Werkstatt setzt sich zusammen aus dem
Produkt „Anzahl Arbeitskräfte mal täglich geleisteter Arbeitsstundenzahl". Trägt man die Zahl der vorhandenen (Fach-) Arbeitskräfte auf
der Ordinate und die Arbeitsstundenzahl auf der Abszisse eines Achsenkreuzes an, so ergibt obiges Produkt eine Fläche, deren Inhalt der Werk-
stattkapazität entspricht. In Abb. 19 ist diese $K = A \cdot x$, wenn $A =$ Anzahl Arbeitskräfte und $x =$ die täglich geleistete Arbeitsstundenzahl bedeutet. Die Zeitskala in Abb. 19 gibt, wie üblich, die zeichnerische Länge
eines Tages in mm an, entsprechend der Anzahl seiner Arbeitsstunden.
Die Fläche stellt die Kapazität einer Schnittmacherei während zweier
Wochen dar. Es werden 6 Arbeiter beschäftigt, die wöchentlich 48 Stun-

den arbeiten; es ist also $K = 6 \cdot 48 = 288$ Arbeiterstunden je Woche. In die Fläche sind einige Aufträge eingezeichnet, um zu zeigen, wie man die Aufteilung vornehmen kann. So ist z. B. für den Werkstattauftrag 13001 je ein Schnitt für Teil 1 und Teil 3 herzustellen. Am Schnitt für Teil 3 sind erst zwei und dann drei Arbeiter beschäftigt, wie aus der Form der Fläche zu ersehen ist.

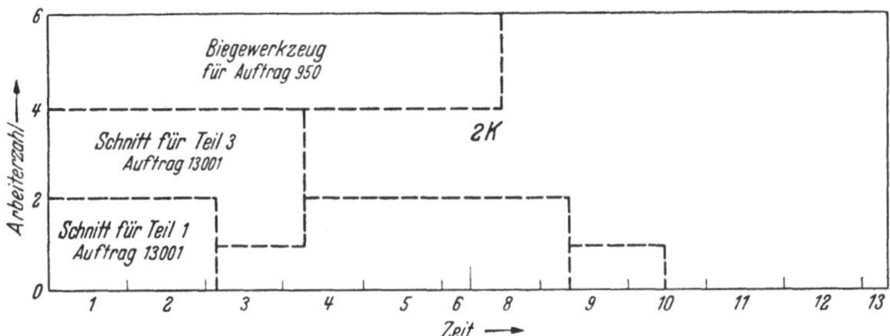

Abb. 19. Flächenschaubild für die Leistungsfähigkeit einer Schnitt- und Werkzeugmacherei während 12 Arbeitstage.
Maßstäbe: Arbeiterzahl: 1 Arbeiter = 10 mm. Zeit: 1 Stunde = 1 mm.

Die Zeit, die ein Arbeiter zur Ausführung einer Arbeit braucht, kann vom Arbeitsbüro angegeben werden; der Meister wird auf Grund seiner Erfahrung die Zahl der Leute bestimmen können, die jeweils beschäftigt werden sollen. Die beiden Größen A und x sind also gegeben und das Terminbüro ist in der Lage, in die verfügbare Gesamtfläche die zur Erledigung eines Auftrags notwendige Teilfläche einzuzeichnen. Auf diese Weise erhält man wenigstens einen gewissen Überblick über die Werkstattbelastung, wobei allerdings vorausgesetzt werden muß, daß Terminbüro und Werkstattmeister vertrauensvoll zusammenarbeiten, in der Weise daß Änderungen der Werkstattbelegung oder vorzeitig erledigte Aufträge dem Terminbüro gemeldet werden.

Nun muß man sich aber darüber klar sein, daß das Flächenschaubild nur angibt, wann die bestellten Werkzeuge fertig sein *können*, nicht aber, wann sie fertig sein *müssen*, um dem Fertigungsablauf rechtzeitig zur Verfügung zu stehen. Der letztere Zeitpunkt ergibt sich naturgemäß aus der Terminplanung der Fertigung, und man tut gut, die Termine für Betriebsmittel-Lieferungen hier schon festzulegen. Dazu muß bekannt sein, welche Hilfsmittel und Werkzeuge für eine geplante Fertigung benötigt werden, (eine Auskunft, welche die Arbeitsvorbereitung erteilt), auf Grund deren diese Dinge so bestellt werden, daß man einen entsprechend frühen Liefertermin verlangen kann. Es dürfte selbstverständlich sein, daß diese Forderung nicht nur für Aufträge an die eigenen Werkstätten gilt, sondern ganz besonders auch für solche, die nach auswärts vergeben werden.

VII. Terminverfolgung.

1. Maßnahmen zur Überwachung der Lagerbewegungen.

In den vorhergehenden Abschnitten wurde gezeigt, nach welchen Gesichtspunkten Aufträge an die Werkstätten erteilt werden müssen, um einen gleichmäßigen Fertigungsfluß zu sichern und zugleich die Zusammenhänge zwischen Auftragshöhe, Laufzeit und maschineller Leistungsfähigkeit erläutert. Diese Untersuchungen waren jedoch im wesentlichen theoretischer Natur, so daß es notwendig ist, nunmehr zu besprechen, wie die Verfahren in der Praxis verwirklicht werden.

Unter Terminverfolgung verstehen wir die Aufgaben, die mit der Erteilung der Werkstattaufträge und ihre Überwachung auf termingerechte Ablieferung verbunden sind, also Führung der Auftrags- und Lagerkartei, den Abruf der Lagerteile, die Terminberechnung, sowie die eigentliche Terminverfolgung und das damit verbundene Mahnwesen. All das geschieht mit Hilfe einer wohldurchdachten Bestell- und Mahnorganisation, die sich auf Grund vieler Einzelerfahrungen so entwickelt hat, wie im vorliegenden Abschnitt gezeigt wird.

Beim Aufbau einer solchen Organisation soll man sich immer von dem Gedanken leiten lassen, nur wirklich nötige Maßnahmen zu ergreifen, diese aber so auszugestalten, daß der beabsichtigte Zweck gänzlich erfüllt wird. Es ist durchaus nicht notwendig, daß alle nachstehend besprochenen Verfahren übernommen werden. Vielmehr übernehme man nur solche Anregungen, die den eigenen Verhältnissen zuträglich erscheinen und scheue sich auch nicht, sie unter Umständen nach Kräften abzuwandeln. So bieten Maschinenbelegungspläne zwar die beste Möglichkeit, den Arbeitsablauf einer Fertigung zu übersehen, doch muß der Zeitaufwand, um sie auszuarbeiten und ständig auf dem Laufenden zu halten, sich auch lohnen, indem dadurch Zusammenhänge klar werden, die auf andere Weise eben nicht gefunden werden können. Vielfach genügt es schon, Belegungspläne nur für einzelne Maschinen, die den „engsten Querschnitt" bilden, auszuarbeiten und die übrigen der Arbeitsverteilung des Werkstattleiters zu überlassen. Man kann sagen, in der ununterbrochenen Massenfertigung erfüllt eine gut geordnete Kartei und ein klares Reitersystem für die Karteikarten wohl immer seinen Zweck und verlangt nicht übermäßig viel Arbeit zur Durchführung. Die folgenden Ausführungen erstrecken sich im wesentlichen auf das Gebiet der ununterbrochenen Massenfertigung, weil hier die Vorgänge die mannigfaltigsten Gestaltungsmöglichkeiten bieten. Sinngemäße Übertragung auf wechselnde Massenfertigung ist jedoch fast immer denkbar.

Wichtig ist, daß jedes Teil des Erzeugnisses in jedem Grad seiner Fertigung auf einer eigenen Karteikarte geführt wird. Auf ihr werden die Lagerbewegungen durch Zu- und Abbuchungen vermerkt. Das geschieht auf Grund von Meldescheinen (Entnahme- und Lieferscheine), die von der Lagerverwaltung bei Teileausgabe, und umgekehrt von der Werkstatt bei Ablieferung der Aufträge ausgeschrieben werden. Ist nach Abbuchung eines Auftrages der auf der Karte vermerkte Bestellbestand unterschritten, so wird die betreffende Karte durch Aufsetzen eines Reiters gekennzeichnet. Nach Abschluß der täglichen Buchungen werden dann alle diejenigen Karten der Kartei zur Auftragserstellung entnommen, welche den betreffenden Reiter führen. Auf diese Weise ist die wichtigste Forderung, nämlich die planmäßige Erteilung von Werkstattaufträgen, erfüllt.

Die Reiter sind als „Karteireiter" im Handel in den verschiedensten Ausführungen und Farben erhältlich. Sie lassen sich für jede beliebige Überwachungsaufgabe verwenden; dabei sind die einzelnen Vorgänge mit bestimmten Farben verbunden. So werden z. B. folgende Farben vorgeschlagen:

„Weiß": Bestellbestand erreicht; Erteilung eines Auftrages ist erforderlich.

„Gelb": Bestellbestand erreicht; Auftrag kann jedoch wegen fehlenden Werkstoffes oder wegen Mangel an Teilen der vorhergehenden Fertigungsstufe nicht erteilt werden.

„Rot": Sicherheitsbestand unterschritten.

„Schwarz": Liefertermin des laufenden Auftrags überschritten.

Die Bestellung eines Auftrags geschieht dadurch, daß man einen Vordruck ausfüllt, der folgende Angaben enthalten soll: Art des Musters oder Größenbezeichung, Teilnummer, Fertigungsgrad, Stückzahl der Bestellung, Auftragsnummer und Werkstoff. Weiterhin sind gewöhnlich noch Scheine für die Teilerücklieferung aus der Werkstatt; sowie für die Werkstoffentnahme und solche zur Eintragung von Verrechnungsdaten beigefügt.

Ist bestellt worden, so wird der weiße Reiter von der Karte entfernt und Karte samt Vordruck dem Terminbearbeiter übergeben. Der Vordruck wandert schlechthin als „Auftrag" durch die Fertigung (vgl. Abb. 20). Aus ihm entnimmt die Lagerverwaltung Art und Anzahl der auszugebenden Teile oder des Werkstoffes; dem Werkstattmeister gibt er Auskunft über die Länge der zur Verfügung stehenden Frist. Er muß in doppelter Ausfertigung vorhanden sein, da ein Beleg im Terminbüro zurückbehalten werden soll. Diese Belege werden während der ganzen Auftragslaufzeit in einer besonderen Vorrichtung geführt, die aus einem Kasten mit 31 Fächern besteht, entsprechend den Tagen eines Monats. Die Aufbewahrung geschieht in der Weise, daß alle Durchschläge, die denselben Termin tragen, in dem zugehörigen Tagesfach untergebracht sind. Der Terminverfolger entnimmt dann an jedem Tag die für das gegenwärtige Datum anfallenden Durchschläge und prüft an Hand der Buchungen auf den Karteikarten, ob die Aufträge von der Werkstatt terminmäßig abgeliefert worden sind. Ist dies ordnungsmäßig geschehen, so wird der Durchschlag als erledigt abgelegt. Wurde der Auftrag auf einer Belegungstafel geführt, so ist der zugehörige Terminstreifen durch einen Stempelaufdruck entsprechend zu kennzeichnen oder ganz von der Tafel zu entfernen.

	Teilelager	Lagerverwaltung	Terminstelle	Werkstatt	Nr.
Bestellgrenze erreicht					1
Karte weiß bereitert.					2
Auftrag wird erteilt					3
Auftrag erhält Liefertermin; weißer Reiter entfernt . . .					4
Teile werden abgezählt und ausgegeben					5
Fertigung geht vor sich . . .					6
Gefertigter Auftrag kehrt ins Lager zurück					7
Eingang wird zugebucht . . .					8
Am Termintag Eingang nachgeprüft; u. U. Karte schwarz bereitert					9
Vordruck abgelegt.					10

Abb. 20. Verwaltungstechnischer Weg eines Werkstattauftrages als Bewegungsschaubild dargestellt. Jeder Punkt bedeutet die Abwicklung eines Vorganges, dessen Art links vom Punkt und dessen Ort senkrecht darüber abzulesen ist.

Ist der Auftrag jedoch noch nicht ins Lager eingeliefert worden, so ergeht eine Mahnung an die Werkstatt. Zugleich wird die Lagerkarte zur besseren Überwachung schwarz bereitert. Lieferverzögerungen, die vom Meister vorauszusehen sind, müssen dem Terminbüro unter allen Umständen in Form von Verzögerungsmeldungen mitgeteilt werden, damit man rechtzeitig die notwendigen Maßnahmen treffen kann. Man hat Sorge zu tragen, daß diese Aufträge bis zu ihrer endgültigen Auslieferung dauernd überwacht werden.

Der gesamte verwaltungstechnische Weg eines Werkstattauftrages ist in obigem Schaubild schematisch dargestellt. Jede durch einen Punkt bezeichnete Stelle bedeutet die Abwicklung eines Vorganges. Die Art desselben ist links außen abzulesen, der Ort seiner Abwicklung senkrecht über dem Punkt am Kopf des Schaubildes. Die Verbindungslinie zwischen den einzelnen Punkten zeigt die Reihenfolge und den

Weg des gesamten Ablaufs an. Eine solche bildliche Darstellung örtlich verschiedener und zeitlich aufeinander folgender Vorgänge findet im Terminwesen da und dort Anwendung. Sie hat den Vorzug, durch wenige Stichworte und Linien das gleiche auszusagen, was anderweitig nur durch umfangreiche Beschreibungen ausgedrückt werden kann.

2. Auftragserteilung und Terminsetzung.

Die Gesichtspunkte, nach denen die Werkstattaufträge erteilt werden, hängen von der Betriebsart ab. Es wird bestellt:

a) Bei ununterbrochener Massenfertigung auf Grund der normalen Bestellordnung, dann wenn der Lagerbestand die Bestellgrenze erreicht hat.

b) Bei ununterbrochener und wechselnder M. auf Grund eines Belegungsplanes, in welchem die Bestelltage für jeden Auftrag festliegen, dann wenn ein solcher Tag fällig ist.

c) Bei wechselnder M. auf Grund von Kundenaufträgen je nach Bedarf.

Entsprechend den verschiedenen Arten von Werkstattaufträgen finden auch die verschiedenen, im Abschnitt VI behandelten Berechnungsweisen für die Termingebung Anwendung.

Zu a): Aus dem Schaubild ist zu entnehmen, an welcher Stelle seines Weges der Auftrag mit dem Liefertermin versehen wird. Der Sachbearbeiter erhält mit jedem Auftragsformblatt die Karteikarte des betreffenden Teiles aus welcher der gegenwärtige Lagerbestand sowie der Termin eines etwa noch in der Werkstatt befindlichen, vorhergehenden Auftrages zu ersehen ist. Die Durchlaufzeit des vorliegenden Auftrages ist nach der Formel

$$i = \frac{h}{Z_{Tg}} \text{ (Tage)}$$

auszurechnen und die Anzahl Tage auf dem Kalender abzuzählen. Die Laufzeit wird dabei vom letzten, auf der Karte eingetragenen Termin an gerechnet, soweit dieser später liegt als der Bestelltag. Wird beispielsweise ein Auftrag am 5. Mai erteilt und ist auf der Karte ein bereits laufender Auftrag mit Termin am 9. Mai vermerkt, so wird die Laufzeit des neuen Auftrages erst vom 9. Mai an gerechnet. Sollte der Sicherheitsbestand des betreffenden Teiles unterschritten sein, so muß darauf bei der Terminberechnung Rücksicht genommen werden. Die Gesichtspunkte, nach denen dies geschieht, sind in einem späteren Abschnitt eingehend behandelt.

Zu b): Ist die Auftragsfolge auf einer Termintafel festgelegt, so fährt man mit dem Senkel an das Ende des letzten in Frage kommenden

Arbeitsganges und liest den Tag auf der Zeitskala ab. Das Datum wird dann ohne Vor- oder Rückverlegung als Termin eingetragen.

Zu c): Hier gelten die Grundsätze der Terminberechnung für Sonderaufträge. Liegen graphische Mengenpläne vor, so geht der zu den einzelnen Aufträgen gehörige Termin ohne weiteres aus der Darstellung hervor (vgl. Abschn. VI, Abb. 15). Es sei jedoch noch einmal darauf hingewiesen, daß bei diesem Verfahren der Termin am *Anfangspunkt* der den Auftrag bezeichnenden Strecke liegt, weil bis zu diesem Tag der Verbrauch durch den vorhergehenden Auftrag gedeckt ist. Aus Sicherheitsgründen kann man den Termin einige Tage vorziehen, um zu erreichen, daß die Arbeiten in der Werkstatt etwas früher begonnen werden. Sollte sich die Lieferung des Auftrags aus unvorhersehbaren Gründen verzögern, so besteht keine unmittelbare Gefahr mehr, daß die weitere Fertigung wegen Fehlens der Teile unterbrochen werden muß.

Eine derartige Kürzung darf aber nur dann vorgenommen werden, wenn man sicher ist, daß die Werkstätten den Anforderungen auch wirklich nachkommen können. Darauf kann nicht eingehend genug hingewiesen werden. Denn zu hohe Anforderungen führen unweigerlich zu Terminschwierigkeiten. Die aber bilden die Quelle stetiger Streitigkeiten zwischen Werkstatt und Büro, ziehen oft stoßartige Belastung nach sich, so daß schließlich das Vertrauen in die Zweckmäßigkeit des Terminwesens untergraben wird. Diese Dinge können vermieden werden, wenn man die Liefermöglichkeit der Werkstätte sorgfältig prüft und etwa vonstatten gegangene Veränderungen mit in der Rechnung berücksichtigt.

3. Regelung der Bestelltage [1].

Nach der Theorie der Lagerbewegungen ergibt sich der Bestelltag auf Grund des Bestellbestandes. Die Dichte der Bestellfolge hängt von der jeweiligen Auftragshöhe ab. Doch auch wenn diese gleichbleibend ist, sind die Zeiträume zwischen den einzelnen Bestelltagen in der Praxis verschieden lang, weil eine gewisse Unregelmäßigkeit der Lagerbewegung nicht vermeidbar ist. Daher kommt es, daß die Summe aller Aufträge, die täglich an eine Werkstatt vergeben werden, jeden Tag verschieden groß sein kann. Das aber führt oft zu Anhäufungen von Aufträgen, wodurch die Arbeitsverteilung erschwert wird.

Ist die Auftragshöhe so festgesetzt, daß sie für den Verbrauch eines Monats ausreicht, so hat man die Möglichkeit, einen Plan zu entwerfen, in welchem die Bestelltage für alle Teile so über den ganzen Monat verteilt sind, daß jeder Tag annähernd gleich hoch belastet ist. Dadurch werden stoßartige Spitzenanforderungen an die Werkstatt vermieden.

---

[1] Der folgende Abschnitt gilt nur bei ununterbrochener Massenfertigung.

Die Säulendiagramme Abb. 21 u. 22 zeigen eine Gegenüberstellung dieser Möglichkeit mit der sonst gebräuchlichen Art zu bestellen. Die Zeitachsen umfassen die Tagesfolge je eines Monats; die Höhen der Säulen sind durch die Anzahl der Aufträge gegeben, mit welcher die betreffende Werkstatt an den einzelnen Tagen beschickt wurde. Die beiden Darstellungen sind der Praxis entnommen und zeigen die tägliche Beschickung

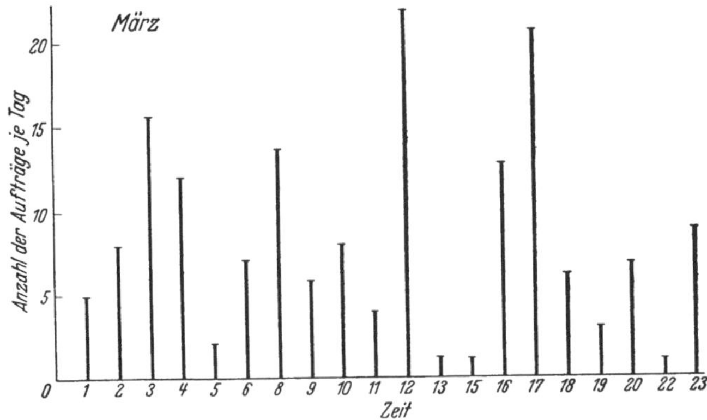

Abb. 21. *Vor* Einführung des Bestellplanes.

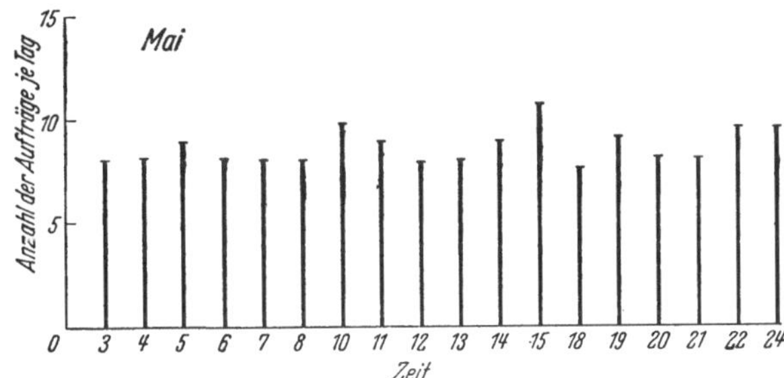

Abb. 22. *Nach* Einführung des Bestellplanes.

Abb. 21 u. 22. Zahl der täglich im Verlauf je eines Monats in einer Werkstatt anfallenden Aufträge.

derselben Werkstatt, Abb. 21 vor und Abb. 22 nach Einführung des Bestellplanes. Die regelmäßige Auftragserstellung machte sich sehr bald dadurch bemerkbar, daß die Lieferungen aus der Werkstatt äußerst pünktlich eintrafen und daß sich die Lagerbewegung der betreffenden Fertigungsstufe sehr gleichmäßig abspielten.

Der Bestellplan wird einmalig ausgearbeitet und hat dann so lange Gültigkeit wie die Erzeugung des Betriebes gleichbleibt. Wird die Werkstatt jeden Monat zu durchschnittlich 25 Arbeitstagen mit insgesamt n Aufträgen beschickt, so sollen auf einen Tag möglichst nur $\frac{n}{25}$ Aufträge fallen. Der *Bestelltag* bleibt für alle Monate unverändert und wird in Form eines Zahlenreiters auf der Karte sichtbar vermerkt. Fällt er einmal auf

einen arbeitsfreien Tag, so wird der Auftrag am vorhergehenden Arbeitstag ausgeschrieben. Im allgemeinen stimmt bei richtig bemessener Auftragshöhe und gleichförmiger Erzeugung der einmal festgesetzte Bestelltag auch mit dem Tag überein, an welchem der Bestellbestand erreicht
ist, was ja nun ebenfalls in monatlichen Abständen der Fall sein muß.
Zur Kontrolle empfiehlt es sich, daneben noch das Farben-Reitersystem
beizubehalten. Es kann nämlich vorkommen, daß ein Datumreiter übersehen und damit ein ganzer Monat bei der Bestellung übersprungen wird.
Wurden jedoch die Karten bei erreichtem Bestellbestand weiß bereitert
(vgl. S. 63), so wird der Fehler — selbst wenn der Reiter von der Karte
abgefallen sein sollte — spätestens bei der nächsten Buchung bemerkt,
so daß die Bestellung nachgeholt werden kann.

Durch Einführung dieses Verfahrens vereinfacht sich die Termingebung sehr erheblich. Normalerweise ist bei der Auftragserteilung eine
ganze Auftragshöhe einschließlich der vorgeschriebenen Sicherheitsmenge als Lagerbestand vorhanden, gemäß der Beziehung $b = h + s$
(vgl. Abschn. V 2). Ein Blick auf die Karte genügt zur Nachprüfung.
Da h für den Verbrauch eines ganzen Monats bestimmt ist und zugleich
auch einen Monat als Laufzeit in der Werkstatt benötigt, so liegt nichts
im Wege, den Liefertermin für einen derartigen Auftrag auf den gleichen
Tag des nächsten Monats festzusetzen. Aufträge, die beispielsweise am
1. März erstellt sind, erhalten den zugeordneten Termin am 1. April.
Die ungleichlangen Monate heben sich gegenseitig auf. Der Termintag
eines Auftrags ist also mit dem Bestelltag des folgenden gleichlautend,
eine Erscheinung, die den Voraussetzungen der theoretischen Lagerbewegungen durchaus entspricht. Da auf diese Weise alle am gleichen
Tag erteilten Aufträge rein ziffernmäßig auch den gleichen Termin erhalten, so kann die Eintragung auf Karte und Auftragsformblatt mit
Hilfe eines Datumstempels geschehen, so daß die Schreibarbeit dadurch
wieder verringert wird.

Die Gefahr, daß diese Einrichtung eine zu geringe Bewegungsfreiheit
bewirkt, wird dadurch vermieden, daß man Berichtigungsmöglichkeiten
für die Lagerbewegungen schafft. Dafür stehen zwei verschiedene Verfahren zur Verfügung.

1. Berichtigung durch Verschieben des Bestell- oder Termintages
(zeitliche Berichtigung);

2. Berichtigung durch Verändern der Bestellmenge (mengenmäßige
Berichtigung).

Zu 1: Es kann der Fall eintreten, daß aus irgendwelchen Gründen
— etwa infolge zu hoch angenommenen Ausschußdurchschnittes — die
Lieferungen eine zu starke Anreicherung des Bestandes herbeiführen

oder es ergibt sich umgekehrt, daß z. B. infolge Teilentnahme zu Versuchszwecken der Bestellbestand wesentlich früher erreicht ist als durch den Datumreiter angegeben. In beiden Fällen kann man einen Ausgleich schaffen, das eine Mal durch Hinausschieben, das andere Mal durch Vorverlegen des Bestelltages. Da es jedoch nicht sinnvoll ist, eine solche Verschiebung wieder rückgängig zu machen, so wird auf diese Weise die gleichmäßige Verteilung der Bestelltage in Unordnung gebracht, wodurch der ganze Plan in Mitleidenschaft gezogen wird.

Zu 2: Günstiger wirken sich Berichtigungen durch Verändern der Bestellmenge aus. Ist der durch den Datumreiter gekennzeichnete Tag fällig, ohne daß der Bestellbestand erreicht ist, so wird zwar trotzdem ein Auftrag erteilt, jedoch nicht in normaler Höhe, sondern vermindert um den Unterschied zwischen dem festgesetzten Bestellbestand und dem gegenwärtigen Istbestand. Liegt der umgekehrte Fall vor, d. h. ist der Bestellbestand vor dem angegebenen Tag erreicht, so wird der Auftrag erst dann erteilt, wenn der Bestelltag gekommen ist. Naturgemäß wird die Bestellmenge nunmehr um den bestreffenden Unterschied erhöht. Die zugeordneten Termine bleiben jedoch beide Male die gleichen, die bei normaler Auftragshöhe zu setzen wären. Die Tatsache, daß im letzteren Fall die größere Menge auch mehr Zeit zur Bearbeitung benötigt, bleibt dabei zunächst unberücksichtigt. Wie die Werkstatt diesem Umstand trotzdem gerecht werden kann, ist später erläutert[1].

Bei diesen Veränderungen hat man aber eine gewisse Toleranz einzuräumen, d. h. man soll erst dann eine Berichtigung vornehmen, wenn der Lagerbestand wesentlich von der vorgeschriebenen Menge abweicht, um zu vermeiden, daß die Lagerbewegungen zu unruhig werden.

Dieses Verfahren hat allerdings auch einen Nachteil, der darin besteht, daß sich die veränderten Bestellmengen auch in alle rückwärtigen Fertigungsstufen fortpflanzen. Zu starke Abweichungen vom vorgeschriebenen Lagerbestand lassen sich dadurch ausschalten, daß man in gewissen Zeitabständen einen Nullpunkt herbeiführt, daß man lager- und termintechnisch also gleichsam „von vorne" anfängt.

4. Kopplung der Fertigungsstufen.

Anwendungsgebiet: Ununterbrochene Massenfertigung.

Wenn man von dem Gedanken ausgeht, daß das innerwerkliche Terminwesen vor allem die Gewährleistung der gleichmäßigen Erzeugung sowie das reibungslose Zusammenarbeiten der Fertigungsstellen bezweckt, so wird sich sehr bald die Forderung ergeben, die Vorgänge so zu steuern, daß sie dem theoretischen Idealzustand so nahe wie möglich kommen. Diese Forderung läßt sich aber nur in sehr wenigen Industrie-

---

[1] Vgl. Abschn. VII, 5, S. 77.

zweigen ohne weiteres erfüllen und nur in solchen, wo die Verhältnisse
besonders einfach liegen, Da kann man dann freilich auf eine terminmäßige
Überwachung des Herstellungsganges ohnehin verzichten. Handelt es
sich jedoch um Massenerzeugnisse mit verwickeltem Aufbau, so ist das
ideale Gleichmaß der Fertigungsvorgänge, wie es die „Theorie der Lagerbewegungen" aufzeigt, nur sehr schwer erreichbar.

Die theoretisch günstigsten Lagerbewegungen liegen dann vor, wenn
die beiden Bedingungen erfüllt sind:

1. In dem Augenblick, da der Lagerbestand eines Teiles die Bestellgrenze erreicht hat, muß der laufende Auftrag ins Lager eingeliefert sein,
so daß der Termintag eines Auftrages mit dem Bestelltag des folgenden
identisch ist (Längsrichtung).

2. Die Bestellung eines F-Auftrages muß gleichzeitig auch die Bestellung von Aufträgen auf alle übrigen Stufen des Teiles auslösen (Querrichtung).

In Wirklichkeit tritt diese Erscheinung aus naheliegenden Gründen
nur selten oder gar nicht ein. Es besteht jedoch die Möglichkeit, sie
gleichsam künstlich herbeizuführen, wenn man die Fertigungsstufen eines
Erzeugnisteiles lagertechnisch miteinander „koppelt". Darunter versteht man den Zustand, daß die Bestellung eines Auftrages für ein beliebiges F-Teil zugleich auch die Bestellung von Aufträgen auf die weiteren Stufen desselben Teils nach sich zieht, genau so wie es die Theorie
verlangt. Zu diesem Zweck arbeitet man einen umfassenden Plan aus,
der im wesentlichen nichts anderes darstellt als eine Erweiterung der im
vorhergehenden Abschnitt besprochenen starren Bestellordnung. Bevor
wir jedoch hierauf näher eingehen, wollen wir uns mit einer Möglichkeit
der kalenderlichen Zeiterfassung vertraut machen, die bei Einführung
des Planes erhebliche Vorteile bietet.

Wir haben bisher ausschließlich den bürgerlichen Kalender als Grundlage für die Terminarbeit benutzt. Die damit verbundenen Unregelmäßigkeiten, wie verschieden lange Monate, nicht feststehende Feiertage,
Umrechnung von Monats- in Tagesstunden usw. konnten nur durch Bil-
dung von Mittelwerten ausgeglichen werden, was sich für die Berechnungen jedoch oftmals nachteilig auswirkte. Diese Dinge lassen sich
ausschalten, wenn man im Bereich der innerwerklichen Zeiterfassung
völlig auf die kalenderliche Jahreseinteilung verzichtet und an deren
Stelle eine eigene Zählweise einführt, die von allen Unregelmäßigkeiten unabhängig ist.

Die einfachste Ausführung dieses Gedankens ist die, daß man die
Gesamtzahl n der *Arbeitstage* im Jahr auf dem Kalender abzählt und

die Tage fortlaufend von 1 bis n benummert. Ausgangspunkt kann jeder beliebige Tag im Jahr sein, doch wird man praktischerweise hierzu den 2. Januar wählen, der dann den Tag „1" darstellen würde. Zur besseren Übersicht kann man die Gesamtzahl in einzelne Abschnitte unterteilen, deren Länge sich nach den Eigenheiten des betreffenden Betriebes richtet die aber möglichst eine durch 10 ohne Rest teilbare Zahl sein sollen (10, 20, 50 Tage usw.).

Diese Zählweise ist gar nichts so sehr Neues. Arbeitet doch z. B. die Eisenbahn seit jeher mit einem ähnlichen System bei der Ausgabe ihrer Wochenkarten. Auf ihnen ist nicht das Datum an erster Stelle kennzeichnend für den Gültigkeitszeitraum, sondern die laufende Wochennummer im Jahr, die allen Kartenbenutzern durch entsprechenden Anschlag bekannt gemacht wird.

Nichts anderes ist nun der „Betriebskalender", bei dem man lediglich noch einen weiteren Schritt tut und nicht nur die Wochen, sondern auch die Tage eines Jahres fortbenummert. Die heute sich mehr und mehr durchsetzenden Betriebsferien, d. h. die zeitweise Schließung des ganzen Betriebes ferienhalber, kommt dieser Benummerung sehr zustatten. Um die Summe der ausfallenden Tage (also Ferientage plus Sonn- und Feiertage) vermindert sich die Zahl von 365 Tagen im Jahr. Der verbleibende Rest sind die „Arbeitstage" schlechthin, die nun durchgenummert werden. Das Verhältnis zwischen diesem Rest und der Zahl 365 stellt sozusagen den „Nutzungsgrad des Kalenderjahres" dar, eine Größe, deren Kenntnis nicht nur im Terminwesen, sondern auch für betriebswirtschaftliche Zwecke manchmal recht wissenswert ist.

In einem solchen Betriebskalender gibt es keine Sonntage, keine Durchschnittswerte für monatliche Arbeitsstunden mehr und überhaupt keine Unregelmäßigkeiten. Termine oder sonstige Zeitpunkte werden durch eine einzige Zahl angegeben. So bedeutet z. B. „50" den 28. Februar, oder „88" den 17. April, usw.

Die Vorteile sind klar erkenntlich. Zur Umdeutung der Zahlen in die bürgerliche Rechnungsweise stellt man sich einen Kalender her, der in zwei Spalten sowohl die normale als auch die durchbenummerte Tagesfolge enthält. Doch wird man davon nur selten Gebrauch machen müssen, da ja vorausgesetzt wird, daß sämtliche, durch das Terminbüro erfaßten Betriebsstellen sich dieser Einrichtung bedienen. Ihre Anwendung wird dann unbedingt empfohlen, wenn man beabsichtigt, den Fertigungsfluß des Betriebes vermittelst eines Planes nach der gekoppelten Bestellordnung zu steuern.

Der Plan selbst und die Kopplung der Stufen wird nach folgenden Gesichtspunkten durchgeführt.

1. Es ist zu untersuchen, welche zeitlichen Abstände (Perioden) für die regelmäßige Neubestellung der Aufträge werkstatt- und lagertechnisch am günstigsten sind.

2. Maßgebend für die Bestellung ist allein die F-Stufe (letzte Lagerungsstufe vor dem Zusammenbau) eines jeden Teiles. Es wird einmalig festgelegt, welche Teile des Erzeugnisses an den einzelnen Tagen bestellt werden sollen. Die nächste Bestellung auf die gleichen Teile findet dann erst nach Ablauf einer Periode statt.

3. Gleichzeitig mit der F-Stufe werden Aufträge für alle übrigen Stufen des Teiles bestellt (Kopplung).

4. Besteht ein F-Teil aus einer Teilgruppe, so erhalten alle Zubehörteile ebenfalls den gleichen Bestelltag und zwar ihrerseits in allen Fertigungsstufen.

5. Die Auftragshöhen sind so zu wählen, daß sie den Bedarf für den Zeitraum einer ganzen Periode decken. Folglich müssen Aufträge für Teile, die m-mal im Erzeugnis vorkommen, auch die m-fache Höhe des Grundauftrags erhalten.

6. Es sollen im allgemeinen nur diejenigen Teile in den Plan aufgenommen werden, für die man sonst die Liefertermine summarisch berechnen würde. Teile, die auf Belegungstafeln geführt werden, sowie Sonder- und Fremdteile bleiben also unberücksichtigt.

Zu 1: Die Dauer einer Periode bestimmt man, wenn keine anderen Gründe maßgebend sind, im Hinblick auf wirtschaftlichste Auftragshöhe. Man kehrt also die ursprüngliche Rechnungsweise um und legt zunächst die Auftragshöhe h mittelst der Gl. (3) oder (4) von S. 35 fest und bestimmt aus ihr die Periodendauer P aus der Beziehung

$$P = \frac{h}{z}\,\text{Std.}$$

Die Dauer in Tagen ergibt sich dann durch Teilen von P durch die tägliche Arbeitsstundenzahl. Hat man die Berechnung für alle fraglichen Teile durchgeführt, so kann man aus den Einzelwerten P einen Mittelwert P_m bilden, den man dem Bestellplan zugrunde legt. Es handelt sich hierbei also wiederum um Richtwerte, die den Anhaltspunkt für die Bemessung der Periodendauer geben sollen.

Zu 2: Die Gesamtzahl aller hier in Frage kommenden Aufträge wird so über die einzelnen Tage einer Periode verteilt, daß jeder Tag annähernd gleich stark belastet ist.

Zu 4: Teilgruppen sind dann als F-Teile zu betrachten, wenn sie vor dem Einbau in das Erzeugnis nochmal zwischengelagert werden. Erhält die Werkstatt den Auftrag, eine bestimmte Menge solcher Teilgruppen herzustellen (F-Auftrag), so müssen dafür sämtliche zugehörigen Teile gleichzeitig dem Lager entnommen werden. Daher ergibt sich die Notwendigkeit, zugleich mit dem F-Teil auch die Zubehörteile zu bestellen, um deren auf diese Weise verminderten Lagerbestand zu ergänzen.

Zu 5: Die einmal festgelegte Periodendauer muß natürlich für alle Teile beibehalten werden. Wenn diese also nach Punkt 1 bestimmt worden ist, so muß für jedes Teil rückwärts nachgerechnet werden, wie hoch sich die wirklich zu erteilende Auftragshöhe auf Grund der festgelegten Periodendauer P_m beläuft. Erst diese Zahl ist dann als verbindlich in den Plan einzutragen.

Im folgenden ist ein Ausschnitt aus einem nach obenstehenden Gesichtspunkten entwickelten Bestellplan wiedergegeben. Es handelt sich darin um Teilgruppen und Einzelteile zum Walzenschaltwerk einer Schreibmaschine. Angaben über Art und Zusammengehörigkeit der Teile sind in nachstehender Zahlentafel aufgeführt.

In der ersten Spalte von Zahlentafel 4 sind die Nummern der Teilgruppen aufgeführt, aus denen das Erzeugnis besteht. Diese Spalte (Nummernkreis 1 bis 99) entfällt, wenn die Einteilung nach Gruppen in der Stückliste nicht durchgeführt worden ist. Statt dessen gibt man die Bezeichnung desjenigen Teiles an, das als tragendes Element der Zubehörteile gelten kann, also in Gruppe 5 z. B. den Schalthebel, in welchen Klinke, Stift und Feder eingebaut sind. In Spalte 2 stehen die Einzelteile (Nummernkreis über 100) verzeichnet, in der Ordnung wie sie zu den einzelnen Teilgruppen gehören.

Zahlentafel 4. Stückliste (Ausschnitt).

Teil-gruppe Nr.	Teil Nr.	Benennung	Werkstoff	Anzahl im Erzeugnis	Bemerkung
	165	Schalthebel	Eisenblech	1	
5	166	Klinke	Stahl geh.	1	
	167	Stift	Rundstahl	2	Wird b. Teilgr. 8 verwandt
	(168)	(Feder)			Fremdteil
6	169	Stellhebel	Eisenblech	1	
	170	Stift	Rundstahl	3	Wird b. Teilgr. 1 verwandt
7	171	Schaltrad	Eisenblech	1	

Der Plan selbst ist in Zahlentafel 5 dargestellt, aus der die Bedeutung der Längs- und Querspalten klar hervorgeht.

Dem Plan ist eine Periodendauer von 40 Arbeitstagen zugrunde gelegt; es stehen also die Tage 1—40 zur Verfügung, um die Summe der Werkstattaufträge einzuordnen. Die Bestellmengen sind in den einzelnen Fertigungsstufen gestaffelt, um den ungleich hohen Ausschußsatz zu berücksichtigen, der bei den verschiedenen Arbeitsverfahren anfällt.

Zahlentafel 5. *Bestellplan* (Ausschnitt).

Teilgruppen			Einzelteile					
Gruppe	Bestell-menge [1]	Bestell-tag		Benennung	Bestellmengen in den Fertigungsstufen			
Nr.	Stück	Nr.	Nr.		VF Stück	A Stück	S Stück	P Stück
5	18 000	11	165	Schalthebel . . .	18 500	—	19 000	—
			166	Klinke	18 000	—	19 000	—
			167	Stift	—	37 000	—	—
			(168)	(Feder)	—	—	—	—
6	18 000	3	169	Stellhebel	18 500	—	19 000	—
			170	Stift	—	56 000	—	—
7	18 000	15	171	Schaltrad	18 500	—	19 000	—
8	18 000	34	172	Deckplatte . . .	—	—	—	18 300

[1] für das F-Teil

Eine Termin-„Berechnung" gibt es für die hier erfaßten Teile nicht
mehr. Denn, wie im vorhergehenden Absatz schon gezeigt wurde, ist
die Tagesnummer, bei der ein Auftrag bestellt wird, immer mit derjenigen
des zugeordneten Termins gleichlautend. Z.B. ist in der Musterauf-
stellung für die Teilgruppe 5 der elfte Tag einer jeden Periode als Bestelltag vorgesehen. Daher werden an diesem Tage Aufträge für die
Teile 165 bis 167 an alle in Frage kommenden Werkstätten vergeben, die
am Tag 11 der folgenden Periode fertiggestellt sein müssen.

Die Periodendauer · P bedeutet also zugleich die Auftragslaufzeit i.
Dies ist durch die Abhängigkeit von h und P bedingt, denn es ist
$P = i = \dfrac{h}{z}$ und außerdem $z = n \cdot L$ (vgl. S. 17 und 47). Man kann also
immer nur eine der beiden Größen P oder h annehmen, aus der sich die
andere dann rechnerisch ergibt.

Die in diesem Plan festgelegten Vorgänge werden an Hand der Lagerkarten der betreffenden Teile überwacht. Man bedient sich dabei wiederum einer Sichtkartei, in der die Karten so eingeordnet sind, daß jeweils die zu einer Teilgruppe gehörigen Teile hintereinanderstehen. Die
Gruppen selbst ordnet man nach Bestelltagen, so daß alle an einem Tag
fälligen Bestellungen mit einem Griff zur Hand sind. Die Arbeit des
Terminbearbeiters beschränkt sich dann lediglich darauf, die Auftrags-
vordrucke mit dem entsprechenden Tagesstempel zu versehen und falls
notwendig, eine Berichtigung der Bestellmenge vorzunehmen, was aus
dem auf der Karte verbuchten Lagerbestand zu ersehen ist.

Es ist augenscheinlich, daß sich die Verwaltungsarbeit auf diese
Weise erheblich vereinfacht, so daß sie durch Hilfskräfte ausgeübt werden kann. Daher sollte man nicht vor der etwas verwickelt erscheinenden

Ausarbeitung eines solchen Planes zurückscheuen. Denn diese ist nur eine einmalige Arbeit, die allerdings sehr sorgfältig und unter Berücksichtigung aller Zusammenhänge ausgeführt werden muß. Dabei ist es günstiger, wenn man solche Teile, für welche die summarische Terminberechnung keine genügend zuverlässige Überwachungsmöglichkeit bietet aus dem Plan ausläßt, um Fehlerquellen zu vermeiden (Punkt 6 S. 72). So würde man beispielsweise die Automaten-Drehteile eines Erzeugnisses überhaupt unberücksichtigt lassen, weil es meistens geraten ist, deren Aufträge auf einer Belegungstafel zu führen. Welche Maßnahmen sich am günstigsten auswirken, kann natürlich nicht allgemein gesagt werden; die letzte Entscheidung wird man immer erst auf Grund der gegebenen Betriebsverhältnisse fällen können.

5. Sonderregelung bei unterschrittenen Sicherheitsbeständen.

In der ununterbrochenen Massenfertigung dient der Sicherheitsbestand dazu, die regelmäßige Beschickung der Werkstätte mit der notwendigen Teilezahl zu gewährleisten. Er soll also an Stelle eines in der Werkstatt „steckengebliebenen" Auftrages in den weiteren Verlauf der Fertigung eingesetzt werden können. Darüber hinaus soll er auch als Stoßfänger dienen, wenn sich der Ausschuß eines Auftrages infolge einer Fehlerquelle so stark erhöht hat, daß der folgenden Fertigungseinheit oder dem Zusammenbau nicht mehr genügend Teile zur Verarbeitung zugeführt werden können. In manchen Zweigen der Massenfertigung ist der Sicherheitsbestand jedoch auch dazu da, um zeitweilige Spitzenbelastungen aufzunehmen, die das Werk zur Deckung ruckartig erhöhten Absatzes leisten muß. In allen Fällen, in denen ein Sicherheitsbestand für die gelagerten Mengen vorgesehen ist, spielt er für die Fertigung eine nicht zu unterschätzende Rolle. Daher muß darauf geachtet werden, daß er nie länger als unbedingt nötig unterschritten bleibt.

Die *Höhe* des Sicherheitsbestandes ist auf den Lagerkarten angegeben. Sinkt der Bestand nach einer Abbuchung unter die vorgeschriebene Grenze, so wird das äußerlich durch Aufsetzen eines roten Reiters auf der Karte vermerkt. Außerdem empfiehlt es sich, diese Teile in besonders augenfälliger Weise zu überwachen. Dazu dient vorteilhaft eine „Mahntafel"[1], die ähnlich wie eine Termintafel aussieht und auf welche kleine Kärtchen aufgesteckt werden können. Die Kärtchen geben Auskunft über Art, Teilnummer, Fertigungsgrad usw. der betreffenden Teile. Die Aufgabe des Terminbearbeiters besteht nun darin, den Bestand dieser Teile durch entsprechende Maßnahmen möglichst bald wieder auf die vorgeschriebene Höhe zurückzuführen.

---

[1] Vgl. Abb. 24 S. 83.

Dazu muß in erster Linie untersucht werden, ob der Sicherheitsbestand nur vorübergehend, infolge Lieferverzögerung des erwarteten Auftrags unterschritten wurde, oder ob die Unterschreitung durch zu starke Teileentnahme (hoher Ausschuß, nicht vorgesehene Zwischenaufträge) zustande gekommen ist. Im ersten Fall hat die Sicherheit lediglich ihre Aufgabe als Stoßfänger erfüllt, und es steht zu erwarten, daß sich die Vorgänge von selbst wieder einspielen. Im zweiten Fall dagegen muß eine nachhaltige Veränderung herbeigeführt werden. Dafür stehen die beiden bereits besprochenen Möglichkeiten der mengenmäßigen und zeitlichen Bestandsberichtigungen zur Verfügung. Bei Anwendung der mengenmäßigen Berichtigung wird die Werkstatt veranlaßt, während gleichbleibender Durchlaufzeit (z. B. bei feststehender Periodendauer P) eine größere Menge von Teilen zu liefern als normalerweise gefordert ist. Bei Anwendung der zeitlichen Berichtigung hat die Werkstatt zwar die normale Stückzahl, aber mit kürzerer Durchlaufzeit zu liefern. Das Ergebnis bedeutet beide Male eine Erhöhung des Lagerbestandes.

Es erhebt sich nun die Frage, wie die Werkstatt den vermehrten Anforderungen gerecht werden kann, ohne daß dies auf Kosten anderer Aufträge geschieht. Man hat also zunächst festzustellen, ob der vorhandene Maschinenpark durch die laufende Fertigung bereits 100 vH. ausgenutzt ist oder ob noch eine gewisse Spanne für die zusätzliche Belastung übrigbleibt. Da der Belastungsgrad β, mit dem die Maschinen ausgenutzt sind, berechnet werden kann, so läßt sich für jedes regelmäßig hergstellte Teil und für jeden damit verbundenen Arbeitsgang angeben, wie groß die zusätzliche Leistung äußerstenfalls sein kann.

Die Mehrbelastung drückt sich immer in einer Erhöhung der Liefermenge z aus. Die Differenz zwischen der normalerweise geforderten Liefermenge und der Menge, die bei Belastungsgrad 1 zu liefern wäre, beträgt $\varDelta z = L_{ges} - z$, wobei $L_{ges} = n_w \cdot L$, d. h. die Gesamtleistung der für *einen* Arbeitsgang verwendeten Maschinen bedeutet[1]. Der Belastungsgrad ist

$$\beta = \frac{n_{th}}{n_w} = \frac{z}{L_{ges}}.$$

Ist $\beta = 1$, so wird

$$\frac{z + \varDelta z}{L_{ges}} = 1.$$

Als Hundertsatz von der normalen Liefermenge z ausgedrückt beträgt diese Differenz $\varDelta z$

$$\left(\frac{1}{\beta} - 1\right) \cdot 100 \text{ vH.}$$

---

[1] Es ist also angenommen, daß ein bestimmter Arbeitsgang auf mehreren Maschinen gleichzeitig vorgenommen wird. Ist $n_w = 1$, so wird L_{ges} mit der Mengenleistung L der betreffenden Maschine identisch.

Um diesen Hundertsatz darf die Laufzeit gekürzt oder die Bestellmenge erhöht werden, ohne daß die ursprüngliche Arbeitszeit überschritten zu werden braucht.

Finden in einer Fertigungsstufe mehrere Arbeitsgänge auf verschiedenen Maschinen statt, so geht man von der niedrigsten Mengenleistung L_{min} aus und bestimmt den dadurch bedingten höchsten Belastungsgrad zu $\beta_{max} = \dfrac{z}{L_{min}}$, aus dem sich dann die Mehrbelastung in vH. berechnen läßt. Wenn beispielsweise ein Werkstück drei verschiedene Maschinen innerhalb einer Fertigungsstufe durchläuft, deren höchster Belastungsgrad $\beta_{max} = 0{,}87$ ist, so kann in dieser Stufe eine Mehrbelastung von $\left(\dfrac{1}{0{,}87} - 1\right) 100 = 15$ vH. verlangt werden; das ist das $\dfrac{1}{0{,}87} = 1{,}15$fache der Normalleistung.

Höhere Mehrbelastung als um das $\dfrac{1}{\beta_{max}}$ fache ist von der Werkstatt bei sonst gleichen Bedingungen nicht tragbar und muß daher zu Terminschwierigkeiten führen. Das letzte Mittel — allerdings von seiten der Werksleitungen gewöhnlich nicht besonders gern gesehen — bleiben immer die Überstunden, welche die beste Möglichkeit darstellen, unterschrittene Sicherheitsbestände auszugleichen oder durch Betriebsschwierigkeiten entstandene Zeitverluste einzuholen. Man wird bei Sonderregelungen des Betriebsflusses nie ganz ohne sie auskommen, weil es nicht immer möglich ist, die Schwierigkeiten allein durch Ausnutzung nicht voll belasteter Maschinen zu beseitigen.

Für den Terminfachmann ist nun die Frage wichtig, wie groß die zusätzliche Anforderung an die Werkstatt sein muß, um einen Fehlbetrag des Sicherheitsbestandes auszugleichen. Wird die Berichtigung durch Erhöhung der Bestellmenge bewirkt, so ist diese Frage leicht zu klären. Schwieriger ist dies jedoch bei dem Verfahren der Laufzeitkürzung. Die Gesichtspunkte, nach denen man dabei vorgeht, richten sich nach der Art wie die Terminberechnung für die Aufträge durchgeführ wird. Wir unterscheiden also:

A. Laufzeitkürzung bei summarischer Terminberechnung.

Um die Anzahl Tage zu berechnen, um welche die Durchlaufzeit zum Ausgleich eines gegebenen Fehlbetrages gekürzt werden muß, legt man den Gedankengang zugrunde:

Die Auftragshöhe h entspricht dem Teile-Verbrauch einer ganz bestimmten Anzahl Tage i, welche zugleich die Auftragslaufzeit, darstellen denn es ist $i = \dfrac{h}{Z_{Tg}}$. Ist d die Differenz zwischen dem Sicherheitsbestand und dem am Bestelltag wirklich vorhandenen Bestand (Fehlbetrag) und k die Anzahl der Tage, um welche die Durchlaufzeit zum Ausgleich gekürzt werden muß, so verhält sich

$$k : d = i : h$$

woraus

$$k = \frac{i}{h}\, d = c \cdot d$$

zu entnehmen ist. Dabei ist c eine konstante Berichtigungsgröße mit der Dimension $\frac{\text{Tage}}{1000\,\text{Stck.}}$ [1]. Diese ist für sämtliche Teile eines Erzeugnisses, deren Termine summarisch berechnet werden, gleich groß. Man gibt sie praktischerweise auf den Lagerkarten mit an, um die Terminfindung unter den veränderten Umständen zu erleichtern. Unbedingt zu vermeiden ist jedoch die willkürliche oder gefühlsmäßige Terminverschiebung, weil durch falsche Kürzung nicht nur die Erledigung der vorliegenden Aufträge in Frage gestellt, sondern möglicherweise auch die ganze summarische Terminordnung hinfällig werden kann. Daher sollte man auch immer an Hand des oben angegebenen Verfahrens nachprüfen, ob die Kürzung ohne Anwendung von Überstunden verlangt werden kann. Um zu vermeiden, daß man hierfür jedesmal den Belastungsgrad des behandelten Teiles berechnen muß, ist es empfehlenswert, die Größe der zusätzlichen Mehrbelastbarkeit für jedes in Frage kommende Teil listenmäßig zu führen, so daß man bei Terminschwierigkeiten in einfacher Weise davon Gebrauch machen kann.

Beispiel. Die Sicherheitsmenge eines regelmäßig hergestellten Preßteiles beträgt 8000 Stck.; die Auftragshöhe, die dem Verbrauch von 25 Tagen entspricht, ist mit 16000 Stck. festgelegt. Die Presse, auf der das fragliche Teil hergestellt wird, ist mit 80 vH. ihrer vollen Leistungsfähigkeit belastet.

Die Berichtigungsgröße ist hier

$$c = \frac{25}{16000} = \frac{1{,}56}{1000}\,.$$

Laut Karteikarte betrage der Fehlbetrag von der vorgeschriebenen Sicherheitsmenge $d = 2380$ Stck. Es ist also

$$k = \frac{1{,}56}{1000}\, 2380 = 3{,}7\ \text{Tage}.$$

Man hat demnach eine Kürzung um 3,7 oder rund um 4 Tage von der Gesamtlaufzeit $i = 25$ Tage vorzunehmen. Da die Größe $c = 1{,}56$ je Tausend auf der Karte vermerkt ist, so erfordert die Bestimmung von k nur eine kurze Vervielfachung, die kaum eine Mehrarbeit für den Sachbearbeiter bedeutet.

---

[1] Allgemein: $\frac{\text{Tage}}{x\ \text{Stck.}}$, wo $x = $ Einheitsstückzahl.

Zur Gegenprüfung, ob diese Kürzung für die Werkstatt ohne Schwierigkeiten tragbar ist, zieht man die Liste zu Rate, in der die zulässige Mehrbelastung verzeichnet ist. In unserem Beispiel kann die Presse um das $\frac{1}{0,8} = 1{,}25$fache zusätzlich belastet werden; das sind 25 vH. der ursprünglichen Leistung. Vier Tage Kürzung bedeuten aber nur 16 vH. der ursprünglichen Laufzeit, also kann die kürzere Frist von der Werkstatt zur Fertigung des Auftrages ohne weiteres eingehalten werden.

B. Kürzung bei Terminberechnung auf Grund der Fertigungszeiten.

Ergibt sich die Notwendigkeit, die Laufzeit eines Auftrags zu kürzen, der auf einer Termintafel geführt ist, so kann dies nur geschehen, indem man den Streifen, der die Bearbeitungszeit darstellt, nach rückwärts verschiebt. Das aber setzt voraus, daß vor dem Streifen der entsprechende Platz vorhanden ist, d. h. die einzelnen Aufträge dürfen nicht unmittelbar aneinandergereiht sein (vgl. S. 45 ff.). Doch auch wenn diese Bedingung erfüllt ist, so hängt die Möglichkeit zu kürzen noch davon ab, ob zwischen dem Tag, an welchen die Kürzung vorgenommen werden soll und dem Bearbeitungsbeginn eine genügend lange Frist liegt. Steht nämlich die Fertigung des Auftrages unmittelbar bevor, so dürfte es im allgemeinen nicht mehr möglich sein, noch eine vorzeitige Beendigung der Arbeiten zu erreichen. Daraus ergibt sich die Forderung, auf Tafeln geführte Aufträge grundsätzlich einige Tage (5—10, je nach der Größe von h) vor Streifenanfang zu bestellen.

Soll nun bestimmt werden, um wieviel Tage der Termin des Auftrags herangezogen werden muß, so rechnet man aus, wieviel Tage i' der verfügbare Lagerbestand ausreicht. Der äußerste Zeitpunkt bis zu welchem der fragliche Auftrag fertiggestellt sein muß, liegt nach einer Frist von

$$i' = \frac{b}{M_{Tg}} \text{ Tagen,}$$

d. h. Lagerbestand geteilt durch Tages-Einbauverbrauch des betreffenden Teiles. Ist i' kleiner als die reine Bearbeitungszeit des vorliegenden Auftrags, reicht also der Bestand nicht so lange aus wie die ordnungsgemäße Fertigung dauert, so muß eine Teillieferung zu einem früheren Zeitpunkt gefordert werden (Auftragsunterteilung). Eine solche Unterteilung ist gewöhnlich auch dann notwendig, wenn man eine Bestandsberichtigung durch Erhöhen der Bestellmenge herbeiführen will. Auftragsunterteilungen sind aber nur in solchen Fällen betriebswirtschaftlich unbedenklich, wenn sie nur die Auslieferung eines Postens von Werkstücken, welche die vorgeschriebenen Arbeitsgänge bereits durchgemacht haben, bewirken. Muß deswegen jedoch die Fertigung eines ganzen Auftrages unterbrochen werden, so soll sie tunlichst unterbleiben, und man muß sich nach andern Mitteln und Wegen umsehen, um den gewünschten Erfolg zu erzielen. Vielfach besteht auch die Möglichkeit, durch Austausch oder Umbelegen von Maschinen oder durch Überstunden eine vorübergehende Leistungssteigerung, also eine Verkürzung der Laufzeit zu erreichen. Entscheidend ist immer die Gesamtbelastung der Werkstatt.

VIII. Allgemeine Hinweise für die Praxis.

1. Die vorangegangenen Abschnitte haben einen Einblick in den Aufgabenkreis des Terminbüros vermittelt. Für die Darstellung der organisatorischen und rechnerischen Zusammenhänge war dabei die Forderung maßgebend, den Verhältnissen der Wirklichkeit möglichst nahe zu kommen. Wer sich mit der Terminfrage beschäftigt hat, wird bemerkt haben, daß häufig dort Schwierigkeiten auftreten, wo man sie nicht erwartet. Manche Vorgänge erscheinen im Licht theoretischer Betrachtungen nicht weiter verwickelt, stellen sich jedoch nach der praktischen Durchführung als wenig geeignet für den Betrieb heraus. Es entstehen daraus vielfach Fehlschläge, denen man am besten dadurch begegnet, daß man sich von vornherein über Art und Umfang der zu treffenden Maßnahmen im klaren ist und das Ordnungsgefüge vor seiner Einführung völlig ausarbeitet. Natürlich wird es nie ganz zu umgehen sein, daß man noch nachträgliche Veränderungen vornimmt oder zusätzliche Regelungen trifft, die auf Grund der Betriebserfahrung notwendig werden. Doch sollte man es grundsätzlich vermeiden, mit Maßnahmen Versuche zu veranstalten, deren Auswirkung nicht genau übersehen werden kann oder Bestimmungen zu erlassen, die vielleicht nach kurzer Zeit widerrufen werden müssen. Denn der Erfolg der Terminordnung hängt nicht zuletzt von der Aufnahme ab, die sie im Betrieb findet. Eine günstige Aufnahme aber setzt voraus, daß sich die vom Terminbüro abhängigen Stellen mit unbedingter Sicherheit auf dessen Anordnungen verlassen können.

2. Die Terminordnung ist in erster Linie eine Rechenangelegenheit. Die Zuverlässigkeit der rechnerischen Unterlagen ist daher ein ebenso wichtiger Punkt für den Erfolg wie die Zusammenarbeit von Büro und Werkstatt. Es sollte keine Regelung durchgeführt werden, die nicht auf rechnerischem Wege in jeder Hinsicht geprüft ist. Diesbezügliche Hinweise und Formeln sind in den einzelnen Abschnitten genügend gegeben. Je größer die in der Zeiteinheit verarbeitete Werkstoffmenge in einem Betrieb ist und je mehr sich der Fertigungsfluß verästelt, desto wichtiger ist diese Forderung. Betriebsschwierigkeiten, die auf das Terminwesen zurückzuführen sind, lassen sich weitgehend einschränken, wenn man den rechnerischen Aufbau des Gefüges konsequent durchführt. Dabei soll man sich tunlichst nicht auf überschlägliche oder gefühlsmäßige Angaben verlassen, weil dadurch die meisten Unstimmigkeiten zustande kommen. Die geringe Mehrarbeit, welche die Anwendung genauer Formeln bereitet, gleicht sich sehr bald durch die flüssigere Abwicklung der Betriebsvorgänge aus. Zudem handelt es sich in den meisten Fällen um zwar umfangreiche, aber einmalige Rechenausführungen, die dann listenmäßig festgehalten werden können, so daß es ein Leichtes ist, sie gelegentlich zu berichtigen oder zu ergänzen.

Der ganze theoretische Aufbau mit all den damit zusammenhängenden rechnerischen und zeichnerischen Verfahren erscheint manchem auf den ersten Blick vielleicht zu verwickelt, um nützlich zu sein, oder es wird der Einwand erhoben, die völlige Durchführung dieser Arbeiten beanspruche zu hohe Zeit- und Geldbeträge. Doch sollte man sich dadurch nicht beirren lassen! Denn die Erfahrung zeigt, daß diese Dinge in Wirklichkeit stets einfacher sind als sie beschrieben werden können. Wo in der Theorie graue Formeln stehen, herrscht in der Praxis der lebendige Zahlenstoff des Betriebes. Die Einwände sind nur insofern berechtigt, als man andererseits auch nicht in das Gegenteil verfallen und nun die Berechnungen übertreiben darf, so daß wertvolle Arbeitskräfte durch unwesentliche Spitzfindigkeiten in Anspruch genommen werden, die dann tatsächlich in keinem Verhältnis zu ihrem Nutzen stehen.

3. Die Kosten des Terminbüros müssen unter allen Umständen in niederen Grenzen gehalten werden, weil sonst ein Mißverhältnis zwischen Aufwand und Nutzen entsteht. Daher kann nicht genug betont werden, daß man immer wieder Mittel und Wege suchen muß, um die Verwaltungsarbeit so weit wie möglich einzuschränken. Es sollen möglichst wenige, aber praktische und billige Hilfsmittel verwendet werden. So kann die Schreibarbeit bei der Auftragserstellung durch Anwendung von Listen vereinfacht werden. Es ist beispielsweise vorteilhaft, eine Liste zusammenzustellen, in welcher Abmessung, Werkstoff und ähnliche feststehende Angaben für jedes Einzelteil aufgeführt sind und die dem Lager, welches die Teile ausgibt, ausgehändigt wird. Der Auftragsvordruck enthält dann lediglich einen Hinweis auf Nummer soundsoviel der Liste, wodurch man sich die dauernde Wiederholung dieser Dinge bei jeder erneuten Auftragsausschreibung erspart.

4. Für die Terminverfolgung kommen vor allem Tafeln in Frage, die allerdings niemals in zu geringer Zahl vorhanden sein können. Sie werden zu den verschiedensten Zwecken und in allen erdenklichen Anordnungsformen verwendet. Abb. 23 zeigt die Rückwand eines Terminbüros, in welche sechs große Tafeln eingebaut sind. Mit ihrer Hilfe werden alle

Abb. 23. Anordnung von Tafeln im Terminbüro.

Alle terminmäßigen Maßnahmen sollen im Büro überwacht werden können. Die Abbildung zeigt Tafeln zur Überwachung des Rohstoffverbrauches, zum Aufzeigen unterschrittener Sicherheitsbestände, sowie solche zum Belegen von Maschinen und für die Ausarbeitung von Fertigungsprogrammen.

terminmäßigen Betriebsüberwachungen durchgeführt. Die beiden mittleren Tafeln enthalten das Lieferprogramm des Werkes, das hier auf drei Monate im voraus festgelegt ist und das sich auf die ununterbrochene Herstellung eines Erzeugnisses in fünf verschiedenen Baumustern bezieht. Die Tafel rechts oben dient zur Überwachung von Teilen, deren Sicherheitsbestand unterschritten ist. Darunter und auch auf der Tafel links unten ist die Belegung verschiedener Maschinengruppen durchgeführt. Weitere Belegungstafeln von ganzen Werkstätten sind an Ort und Stelle im Betrieb aufgehängt, so daß sich die Meister unmittelbar danach richten können.

Abbildung 24 zeigt eine Tafel, die dazu dient, die Liefertermine der laufenden Aufträge in der Werkstatt sichtbar zu machen. Daher ist jede Werkstatt mit einer derartigen Tafel ausgestattet. Die Tage der Zeit-

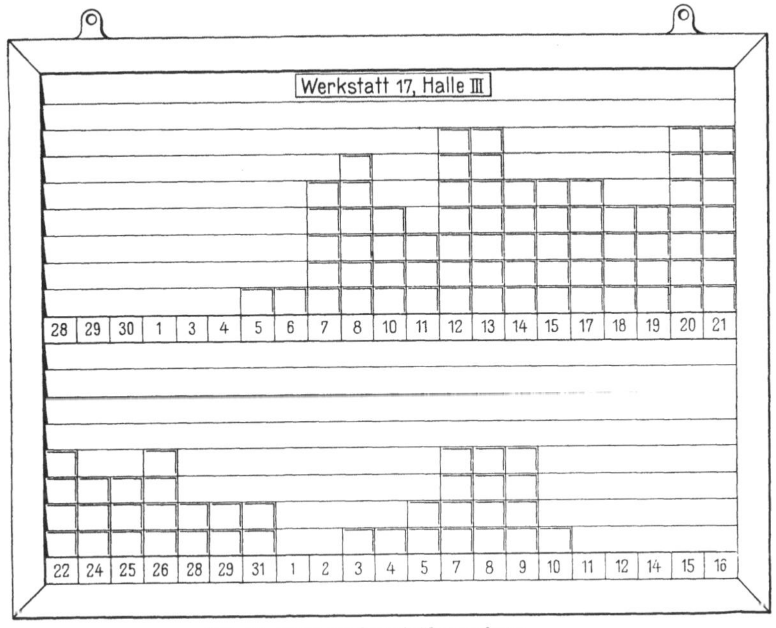

Abb. 24. Tafel zur Terminüberwachung.
Die Tafel wird in der Werkstatt aufgehängt und dient zum Sichtbarmachen der Auftragstermine. Jeder Auftrag erhält ein Kärtchen, das über den entsprechenden Tag der Skala gesteckt wird. Stichtag in der Abb. ist der 6. der oberen Skala.

skalen, die sich hier über zwei Kalendermonate erstrecken, sind so breit, daß ein Pappkärtchen darüber oder darunter gesteckt werden kann, aus dessen Beschriftung der Meister ersieht, welche Aufträge an den einzelnen Tagen ausgeliefert werden müssen. Kärtchen von unerledigt gebliebenen Aufträgen, deren Termine bereits überschritten wurden, werden mit neuem Termin versehen und auf den entsprechenden Platz aufgesteckt.

6*

Die Tafeln des Büros sollen möglichst geräumig sein, damit alle Darstellungen in übersichtlicher Größe ausgeführt werden können. Sehr gut bewähren sich Schiebetafeln nach Art der Wandtafeln in Hörsälen, von denen je zwei gegenläufig an Seilen über Rollen aufgehängt sind. Es ist günstig, wenn sie sich bis auf den Boden hinunterziehen lassen, weil man dadurch die Möglichkeit hat, vor der Tafel zu sitzen, was das Arbeiten bedeutend erleichtert. Für gute und blendfreie Beleuchtung ist unbedingt zu sorgen.

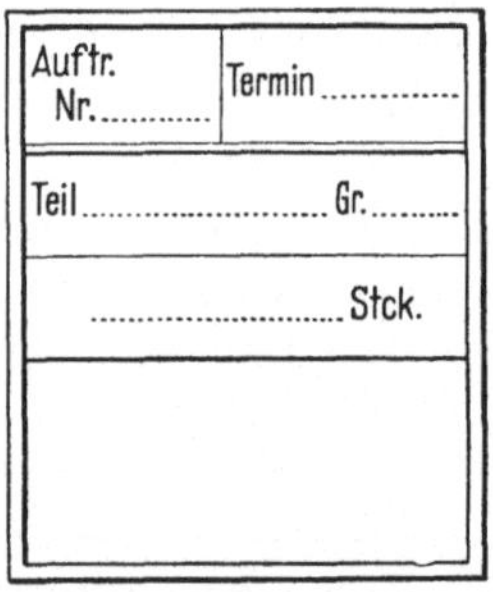

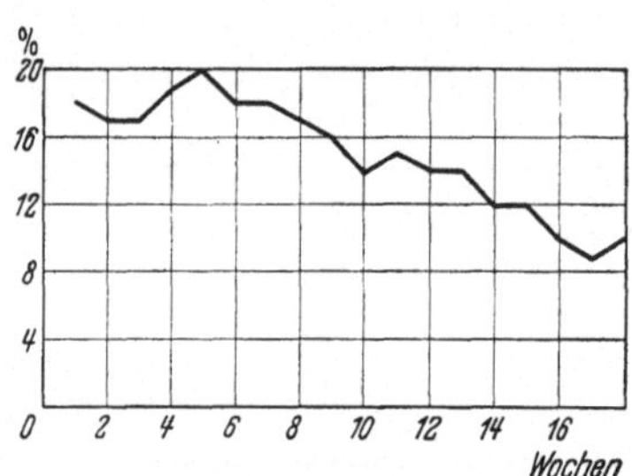

Abb. 25. Terminkärtchen (natürl. Größe).

Solche Kärtchen werden auf Tafeln nach Abb. 24 gesteckt. Verarbeitet eine Werkstatt verschiedene Erzeugnisse, so stellt man die Terminkärtchen aus verschiedenfarbiger Pappe her.

5. Ein psychologisches Hilfsmittel zur Förderung des Termingedankens ist die Erweckung des sportlichen Interesses bei den Werkmeistern und Vorarbeitern. Am besten eignen sich dazu Schaubilder, aus denen die positiven oder negativen Leistungen der einzelnen Abteilungen augenfällig hervorgehen, und die an deutlich sichtbaren Stellen im Betrieb aufgehängt sind. Allein schon die einfache Maßnahme, die Anzahl der täglichen Terminüberschreitungen in den verschiedenen Werkstätten durch Aufstecken von Kärtchen oder Klötzchen auf dazu geeigneten Tafeln sichtbar anzuzeigen, kann Wunder bewirken. Denn jeder Meister ist bestrebt, seinem Kollegen von der andern Abteilung ja nicht nachzustehen und bemüht sich daher durch besonders aufmerksame Überwachung der ihm unterstehenden Arbeiten möglichst wenig „Minuspunkte" als Terminüberschreitungen aufzuzeigen.

Ein weiteres Mittel, das seine Wirkung nie verfehlt, ist die Führung einer Leistungskurve. Es ist leicht möglich, die Anzahl der Teile oder Aufträge zu bestimmen, die eine Werkstatt unter gegebenen Verhältnissen täglich zu liefern vermag.

Abb. 26. Die wöchentlichen Terminüberschreitungen einer Werkstatt in vH. der angefallenen Aufträge. Die Kurve zeigt deutlich das Absinken der Terminüberschreitungen infolge Gewöhnung des Personals an die neueingeführten Maßnahmen.

Das Verhältnis der tatsächlich gelieferten Anzahl zur Sollmenge kann als augenblickliche Leistungsfähigkeit der Werkstatt angesprochen werden. Trägt man die täglich auftretenden Schwankungen — entweder absolut oder prozentual — als Ordinaten zur Zeitachse auf, so kann sich auch der Außenstehende auf Grund der Tendenz der Kurve ein anschauliches Bild von der Arbeitsweise der Werkstatt machen.

Schließlich kann man auch die Zahl der wöchentlichen Terminüberschreitungen in den einzelnen Werkstätten sichtbar machen. Die Meister werden dann bestrebt sein, durch termingerechte Lieferungen die Kurve nach unten zu drücken. Abb. 26 zeigt. eine solche Kurve, die einem Betrieb der Feinmechanik entstammt. Sie sinkt infolge der Gewöhnung der Werkstattleiter an die neu eingeführte Betriebsorganisation im Laufe der Zeit deutlich ab, d. h. Terminüberschreitungen wurden in dem betreffenden Betrieb immer seltener.

*

Die Zahl der großen und kleinen Hilfsmittel, die man sich für die Zwecke des Terminwesens ausdenken kann, ist so gut wie unbegrenzt. Denn die Vielheit der betrieblichen Eigenarten ist auf dem weiten Gebiet der Massenfertigung ja gleichfalls unbegrenzt. So bleibt es in jedem Einzelfall der Findigkeit des Fachmannes überlassen, weitere Möglichkeiten zu erdenken und Verbesserungen der hier gegebenen Vorschläge in seinem eigenen Wirkungsbereich durchzuführen.

Schrifttumverzeichnis.

v. Holzer, R.: Systematische Fabrikrationalisierung. Berlin/München: Oldenbourg 1928.

Hippler: Arbeitsverteilung und Terminwesen in Maschinenfabriken. Berlin: Springer.

Andler: Rationalisierung der Fabrikation und optimale Losgröße. München: Oldenbourg 1929.

RKW. Veröffentlichung: Termine — Festsetzung und Überwachung. Berlin: Beuth-Verlag.

Henzel, F.: Lagerwirtschaft. Essen: W. Girardet 1950.

Stümpfle, O.: Die Grundsätze der betrieblichen Organisation. Berlin: Walter de Gruyter & Co. 1950.

Jaeckle: Karteigestaltung, Karteiverwaltung. Stuttgart: Verlag für Wirtschaft und Verkehr 1938.

Maucher, H.: Wahre und statistische Belegschaftsleistung. Maschine und Arbeit, Z. Sozial- u. Wirtschaftspraxis. 1950. Heft 9.

Becker, Plaut, Runge: Anwendung der mathematischen Statistik auf Probleme der Massenfertigung. Berlin: Springer 1930.

Nordsieck: Die Schaubildliche Erfassung und Untersuchung der Betriebsorganisation. Stuttgart: C. E. Poeschel 1932.

Manecke, F.: Statistische Geräte, Werkstattechnik und Werksleiter 1939. Heft 9. Berlin: Springer.

Laucke, L.: Leistungsabstimmung bei Fließarbeit. Berlin/München: Oldenbourg.

Ziegler: Das Lager im Fabrikbetrieb. Berlin: L. Weiß 1935.

Knecht, V.: Zur Bestimmung der Arbeiterzahl in Werkstätten für Massenfertigung. Werkstattechnik und Werksleiter 1940. Heft 3. Berlin: Springer.

Knecht, V.: Die Bedeutung des Leistungsquerschnittes in der Mengenfertigung. Werkstattstechnik und Maschinenbau 1949. Heft 10. Berlin: Springer.

Knecht, V.: Zeitstudien und Leistungslohn im Automatenbetrieb. Werkstattstechnik und Maschinenbau 1950. Heft 8. Berlin: Springer.

Knecht, V.: Die Kapazitätsbestimmung in der Massenfertigung, Girardets Industrieanzeiger 1951. Heft 65.

Kupke, E.: Vom Schätzen des Leistungsgrades. Berlin-Charlottenburg: Buchholz & Weißwange 1943.

Refa: Beiträge zu den Arbeits- und Zeitstudien. Stuttgart: C. E. Poeschel 1948. Das Refabuch Bd. I, Arbeitsgestaltung. München: Carl Hanser-Verlag 1951.

Böhm-Euler-Pentzlin: Grundlagen und Praxis des Arbeits- und Zeitstudiums. Bd. 1—III. München: Carl Hanser 1948.

Tillmann, H.: Lehrbuch der Stückzeitermittlung in der Maschinenformerei. Berlin/München: Oldenbourg.

Hilbert: Die Bestimmung der Stückzeiten in der Stanzerei. TZ für praktische Metallverarbeitung 1938, Heft 32/24.

Sachverzeichnis.

5 7 275 4022 2,1 (721/16/51)